婴儿辅食添加必备

艾贝母婴研究中心 编著

U0278309

中国人口出版社
China Population Publishing House
全国百佳出版单位

快快拿出笔，然后把小脚丫按在中间，右手拿笔沿小脚丫外面开始一个脚趾一个脚趾地移动，不出几秒钟，宝宝的小脚印就完成啦，接着在每个趾头上写下对宝宝的愿望。从此以后，脚印将伴随我们聪明可爱的宝宝健康成长……

天下的父母都想把所有最好的给予自己的孩子，要给孩子吃最好的，穿最好的，让他们接受最好的教育等等。正是因为如此，新妈妈们对待1岁以内的宝宝所花的心思比以后任何时期都要多得多，并且所做的准备需要比任何时候都慎重。特别是给宝宝添加辅食时，每一个妈妈都希望孩子能吃上自己亲手制作的最好吃的、最有营养的辅食。由于是第一次给宝宝添加辅食，妈妈们一定会手忙手乱，不知道该从哪里下手。

有很多新妈妈会问："什么时候可以给宝宝添加辅食？刚开始能添加米粉吗？宝宝不爱吃辅食怎么办？怎样添加辅食才能使宝宝获得充足的营养？"专家建议，无论采用母乳喂养还是其他喂养方式，宝宝在4~6个月时，均应添加辅食。添加辅食是逐渐将母乳或配方乳变成非主食而慢慢增加其他食物为主食的一种必要过程，添加辅食是为了让宝宝摄取更多营养并适应食物。

宝宝出生后的4~6个月内，母乳和配方乳的营养成分足够，但如果之后还只喂食母乳和奶粉的宝宝就会出现体内铁、钙、蛋白质与维生素等缺乏的状况。因此，宝宝需要从食物中摄取营养素来促进生长，维持健康。

另一方面，还要让宝宝慢慢适应食物的味道，并学习如何咀嚼、吞咽，并使用餐具进食，为宝宝将来接受固体食物做好准备，慢慢接受大人的饮食方式。从宝宝4个月开始，宝宝进入了学习咀嚼及味觉发育的敏感期，此时添加辅食，宝宝乐意接受，也很容易学会咀嚼，因此新妈妈们千万不要错过哟。

专家提醒新妈妈给宝宝添加食物时需要遵循从少到多，一种到多种，从稀到稠，从细到粗等原则。在亲手制作辅食时要注意烹调前一定要洗手，厨具要保持干净清洁，需要长期保存的食物要分开装，蔬菜、水果应选用应季新鲜品种，解冻后的食物要在当天食用等细节问题。

本书还为新妈妈们提供了200多种辅食食谱、50个宝宝常见疾病的食疗方案、100个关于宝宝断奶和辅食添加方面的常见问题的解决方案；还根据宝宝的营养需求，为新妈妈们提供了极具应用价值的宝宝营养计划和各种辅食的制作指导。即使是从没下过厨的新妈妈也能成为宝宝的"特级厨师"，为宝宝制作出既营养又美味、完全适合宝宝需求的超级辅食。

宝宝食物逐月添加对照

宝宝的月龄	新增食物	添加方式
4个月	蔬菜	煮成菜水或榨出菜汁给宝宝喝
	水果	煮成果水或榨出果汁给宝宝喝
	鱼肝油	直接滴到宝宝口中
	钙片	研成粉，用水调匀给宝宝喝
5个月	米粉（糊）	用温开水冲成稀糊给宝宝吃
	蛋黄	研成蛋黄泥，用牛奶或果菜汁调稀给宝宝吃
	汤	可以用蔬菜和肉煮成菜汤、肉汤给宝宝喝
6个月	鱼	做成鱼肉泥给宝宝吃
	肉	做成肉泥给宝宝吃
	动物血	可以煮汤，也可以煮熟后捣成泥给宝宝吃
7个月	粥	直接喂给宝宝
	软烂面条	直接喂给宝宝
	鸡蛋	可以用整个鸡蛋蒸成鸡蛋羹给宝宝吃
	肝	做成肝泥，加到粥里给宝宝吃
	豆腐	蒸熟，捣成泥或直接喂给宝宝吃
8~9个月	稠粥	直接喂给宝宝
	烤馒头片、面包干、磨牙饼干	喂过正餐后少量地给宝宝吃一点，帮宝宝磨牙
10个月	海鲜	做成泥或碎末，充分煮熟以后再给宝宝吃
	小点心	白天的两餐之间，少量地给宝宝吃一点
11个月	软饭、面条、面片	直接喂给宝宝
12个月	小馄饨、小饺子、小包子	直接喂给宝宝
	馒头	掰成小块，让宝宝用手拿着吃

为宝宝做辅食
常用的9种烹调工具

❶菜板：为宝宝制作辅食的必备工具。最好为宝宝准备一个专用菜板。

使用要点：一定要经常消毒。最好每次用之前先用开水烫一遍。

❷刀具：包括菜刀、刨丝器等。最好别跟大人混用。

使用要点：切生熟食物的刀一定要分开。每次使用后都要彻底清洗并晾干。

❸蒸锅：用来为宝宝蒸食物，像蒸蛋羹、鱼、肉、肝泥等都可以用到。

使用要点：可以使用小号的蒸锅，既节能又方便。

❹汤锅：用来为宝宝煮汤，也可以用来烫熟食物。

使用要点：可以使用小号的汤锅，既节能又方便。

❺榨汁机：用来为宝宝制作果汁和菜汁。最好选过滤网特别细，部件可以分离清洗的。

使用要点：一定要清洗彻底。使用前最好用开水烫一遍。

❻研磨器：用来将食物磨碎。制作泥糊状食物的时候少不了它。

使用要点：一定要清洗彻底。使用前最好用开水烫一遍。

❼过滤器：用来过滤食物渣滓，给宝宝制作果菜汁的时候特别有用。网眼很细的不锈钢滤网或消过毒的纱布都可以。

使用要点：使用前用开水烫一遍，使用后要清洗干净并晾干。

❽搅棒：用来搅拌泥糊状食物。如果不想用市场上出售的电动搅棒，也可以用干净的筷子代替。

使用要点：注意清洁。使用前先用开水烫一遍。

❾计量器：用来计算辅食的量。可以用一个事先量好重量和容积的小碗充当。

使用要点：注意清洁。使用前先用开水烫一遍。

目录 Contents

Part 1 0~1岁宝宝换乳 与辅食逐月安排

Part 2 成为宝宝的营养专家

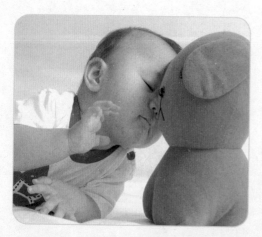

Part 3 特殊辅食，为宝宝的健康加分

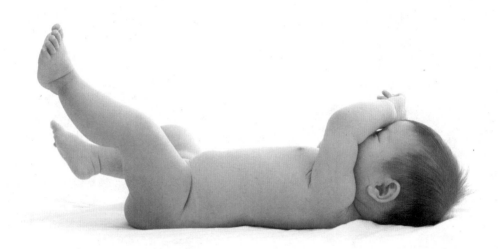

Part 4 专家教你喂宝宝
——0～1岁宝宝的常见喂养问题

附录

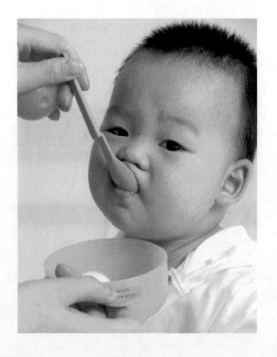

Part 1

0～1岁宝宝换乳与辅食逐月安排

1～4个月：
换乳准备期，部分宝宝需添加水、
果汁、菜汁

宝宝的身体发育

▶▶ 1个月时的宝宝

新生儿初生的5天里会出现体重快速减轻的现象，这是由于宝宝在排除体内过多的体液。这个过程结束后宝宝的体重就会恢复，一般10天内就能恢复到出生时的体重水平。接下来就是一个高速生长期，宝宝的体重平均每天增加20～30克，满月时将达到4千克。在第1个月里，宝宝的身长也会增加2.5～4厘米，头围增加2～3厘米。新生的宝宝胸围比头围要小，满月时胸围可达36厘米左右，但还是要小于头围。这时候的宝宝开始不时地伸展上下肢和后背，腿、脚也可以持续地向内旋转。腿还是弓着的，但已经和在妈妈子宫里蜷缩成一团的样子有了很大区别。

▶▶ 2个月时的宝宝

进入第2个月，宝宝仍处在高速生长的阶段。这个月最大的特点就是：宝宝的体重呈阶梯性、跳跃性的增长。到第2个月月底，男宝宝的平均体重能达到5.2千克左右，女宝宝的平均体重能达到4.7千克左右。

这时候的宝宝，小脸光滑了，皮肤也白嫩了，最重要的是，一逗会笑了。虽然面部依然扁平，脖子依然很短，肩和臀部显得较狭小，肚子呈现圆鼓形状，但小胳臂、小腿开始变得圆润。出生时的"M"形腿开始逐渐长正，手指也在大部分时间保持张开的状态。

比起第1个月，宝宝哭声明

显地减少，并开始懂得其他人对他（她）说话时所流露出来的感情，听到友善的声音会笑，听到大声的愤怒的说话声时，会惊恐地啼哭。

▶▶▶ 3个月时的宝宝

第3个月的宝宝生长发育仍然很快：体重可增加700～800克，身长平均增长2.5厘米。由于对营养的需求量大，食量会增加，不但吃得多，而且吃得快。宝宝吞咽奶液的时候，妈妈有时会听见宝宝喉咙里发出的"咕嘟、咕嘟"的声音，还不时从嘴角溢出奶液来。第3个月的宝宝，还迎来了脑细胞发育的第二个高峰期：脑细胞体积迅速增大、神经纤维开始增长、脑的重量不断增加。这时候一定要保证充分的营养和充足的睡眠，促进宝宝的智力发育。

这时候的宝宝，俯卧时能把头抬起45°，两条前臂已经可以支撑自己的头和肩部。会两手握住，会玩弄自己的手和手指，还能拉扯自己的衣服。开始有目的地抓东西，能把比较轻和小的东西握在手里30秒。有人逗时能发出响亮的笑声，看见母亲的脸会笑。还能忍受较短时间的喂奶停顿。

▶▶▶ 4个月时的宝宝

生长到第4个月，宝宝的消化器官及消化功能开始完善起来：有些宝宝在4个月后已经长出乳牙。这时候，宝宝的唾液腺已经发育成熟，淀粉酶开始分泌，宝宝的消化能力逐步提高，已经能够消化一些淀粉类的半流质食物。

4个月的宝宝脸色开始红润而光滑，肌肉力量也逐渐增强，做起动作来要比前3个月熟练得多，而且能讲究对称。抱在怀里时，头能稳稳地竖起来；俯卧时，能把头抬起90°。小腿越来越有劲，被妈妈扶住腋下的时候甚至可以站一会儿。视力越来越好，能看到很小的玩具。听觉也越来越灵敏，可以轻松地找到声源。

阶段喂养方案

▶▶▶ 母乳是本阶段最好的食物

在这一阶段，母乳是宝宝最好的食物。因为它不仅能够提供宝宝丰富、容易消化吸收的营养物质，还含有大量的免疫因子，可以帮助宝宝抵抗疾病的袭击，健康快乐地成长。妈妈分泌的乳汁直接喂哺给宝宝，既卫生又经济，还有助于宝宝感受到来自妈妈的温暖和关爱，促进宝宝形成良好的心理和情感。

有些妈妈因为身体或工作原因不能实现母乳喂养，也需要给宝宝吃成分接近母乳的配方奶，而不是用米汤、米糊或乳儿糕等宝宝难以消化和吸收的食物来喂哺他（她）。因为在这个时候，宝宝的消化系统还没有发育完全，还不具备消化、吸收食物的能力。而且，有些谷类食物里的植酸还会和母乳里的铁结合，从而影响婴儿对母乳中铁的吸收。很多事实证明，过早地给宝宝添加谷类食物是母乳喂养失败的重要原因之一。新妈妈在给宝宝调制食物的过程中，也很容易出现食物被细菌污染的情况，从而引起宝宝腹泻。所以，在4个月以内，最好不要给宝宝添加任何非液态的食物，尤其是谷类食物。

▶▶▶ 哪些宝宝需要添加水、果汁、菜汁

纯母乳喂养的宝宝在4个月内不用喂水，也不需要喂菜水、果水及其他辅食。

喝配方奶的宝宝要多喝点水，因为绝大多数宝宝喝了奶粉会上火，多喝点水可以缓解这种情况。除了喝水，还可以给宝宝喝一点果汁和新鲜的蔬菜汁，以补充维生素。

有些不喜欢吃水果和蔬菜的妈妈也需要给宝宝喝果汁和菜汁，因为如果妈妈偏食，乳汁中维生素C的含量就会降低，很可能满足不了宝宝的需要。果汁、菜汁一般在宝宝出生后3个月开始添加，开始时可以先用温开水稀释，等宝宝适应了以后再用凉开水稀释，慢慢过渡到不用稀释。

到4个月左右，宝宝的吃奶次数开始变得很有规律，一般是每隔4个小时吃1次奶。白天的喂奶次数在5次左右，半夜只要喂1次奶就可以了。这时候可以尝试着给宝宝喂一点蔬菜泥、水果泥，让宝宝接触一下辅食，感受一下其他食物的味道。但是量一定要少，而且要顺其自然，宝宝不喜欢就不要勉强。

▶▶▶ 本阶段可添加的食物

婴儿鱼肝油： 出生后第3周起，就可以开始添加鱼肝油。每次1~2滴，每天3次，直接滴入宝宝口中，为宝宝补充维生素A和维生素D。

果汁： 各种新鲜水果，如橙子、苹果、桃、梨、葡萄等榨成的汁，可以补充维生素。喂给宝宝喝的时候要先用1倍的温开水进行稀释。

菜汁： 用各种新鲜蔬菜做成的汁，如萝卜、胡萝卜、黄瓜、西红柿、圆白菜、西蓝花、芹菜、大白菜及各种绿叶蔬菜等，可以为宝宝补充维生素。

宝宝一日营养计划

▶▶▶ 1个月的宝宝

主要食物	母乳或配方奶	
辅助食物	温开水	
餐次	每3小时喂1次，或按宝宝需求喂哺	
哺喂时间	上午	6时、9时、12时各喂10~15分钟
	下午	15时、18时、21时各喂10~15分钟
	夜间	0时、3时各喂10~15分钟
备注	纯母乳喂养的宝宝一般不需要喂水。喝配方奶的宝宝则需要在白天的两餐之间喂1次水，喂水量在25~30毫升之间	

▶▶▶ 宝宝都要吃鱼肝油吗

　　出生后的6个月是宝宝生长最快的阶段，宝宝在这个时期对各种营养素的需求也比较大。一般来说，母乳和配方奶能够为宝宝提供足够的营养，不需要额外补充营养剂，包括鱼肝油。但是牛奶和一些配方奶粉（维生素A、维生素D强化的除外）中维生素A、维生素D的含量比较少，有可能不能满足4个月以上部分宝宝的生长发育需要。因此，可以根据医生的指导给宝宝添加。在太阳光照射下，宝宝的皮肤可以合成维生素D，夏天可以带宝宝到室外晒晒太阳，促进宝宝自己在体内合成维生素D，是更天然的补法。

　　添加鱼肝油的另一个原因是促进钙的吸收。钙是制造骨骼的主要元素之一，还有参与神经系统和肌肉与神经之间的控制调节、维护宝宝正常的生长发育的作用。鱼肝油里所含的维生素D可以促使宝宝在体内生成一种能和钙结合的蛋白质，与宝宝体内的钙离子结合后将钙转运到血液中，提高钙的利用率。

▶▶▶ 2个月的宝宝

主要食物	母乳或配方奶		
辅助食物	温开水、配方奶		
餐次	每3~4小时1次，或按宝宝需求喂哺		
母乳喂养时间	上午	6时、9时、12时各喂10~15分钟	
	下午	15时、18时、21时各喂10~15分钟。下午16时至18时之间，加120毫升配方奶	
	夜间	23时、3时各喂10~15分钟	
配方奶喂养时间	上午	5时、9时，配方奶各100~140毫升	
	下午	13时、17时，配方奶各100~140毫升	
	夜间	21时、1时，配方奶各100~140毫升	
备注	注：奶量＞500毫升，可不额外服钙剂		

▶▶▶ 为什么要给人工喂养的宝宝添加钙片

　　一般说来，宝宝出生后从妈妈那里得到的钙会不断减少。母乳喂养的宝宝会从母乳中得到一定的补充，人工喂养的宝宝则经常有不同程度的缺钙。0~6个月的宝宝每天对钙的需要量为300毫克左右，除了从食物中获取，还可以通过为宝宝添加钙剂进行补充。服用的剂量可根据缺钙的程度分为预防和治疗两种。如果自己无法根据宝宝的食物摄取情况计算出应该补充的剂量，最好还是请医生为宝宝进行一下诊断，按医嘱行事。

　　钙剂主要有钙片、钙粉和活性钙等类型。妈妈们可以根据宝宝的具体情况进行选择。由于宝宝的消化系统发育得还不完善，胃液分泌得比较少，为宝宝补钙的时候最好选择乳酸钙、葡萄糖酸钙、氨基酸钙等有机酸钙，以利于宝宝的吸收，同时也能减少对宝宝肠胃的刺激。

▶▶▶ 3个月的宝宝

主要食物		母乳或配方奶
辅助食物		温开水、淡糖水、配方奶
餐次		每3~4小时1次，或按宝宝需求喂哺
母乳喂养时间	上午	6时、9时、12时各喂10~15分钟。
	下午	15时、18时、21时各喂10~15分钟。16时至18时之间加120毫升配方奶
	夜间	0时，喂10~15分钟
配方奶喂养时间	上午	7时、11时，配方奶各100~150毫升。
	下午	15时、19时，配方奶各100~150毫升。
	夜间	23时，配方奶100~150毫升

▶▶▶ 4个月的宝宝

主要食物	母乳或配方奶或牛奶		
辅助食物	温开水、凉开水、果汁（橘子汁、番茄汁、山楂水等）、菜汁、鱼肝油（维生素A、维生素D比例为3:1）		
餐次	每4小时1次		
喂养时间	上午	6时母乳喂哺10～15分钟，或配方奶180毫升；8时喂稀释蔬菜汁90毫升；10时母乳喂哺10～15分钟，或配方奶180毫升；12时喂稀释的鲜橙汁或番茄汁90毫升，水果泥少许	
	下午	14时母乳喂哺10～15分钟，或配方奶180毫升；15时喂稀释的蔬菜汁80毫升，新鲜蔬菜泥少许；16时喂温开水（或凉开水）90毫升；18时母乳喂哺10～15分钟，或配方奶180毫升	
	夜间	22时母乳喂哺10～15分钟，或配方奶180毫升；凌晨2点母乳喂哺10～15分钟，或配方奶180毫升	
备注	鱼肝油每天1次，每次400单位		

巧手妈妈动手做

鲜橙汁

适宜范围： 3个月以上的宝宝。

原料： 鲜橙一个（约100克）。

制作方法：

1. 将鲜橙反复清洗干净，剥皮用刀先横切成两半，再切成较小的块。

2. 把切好的橙子放到榨汁器里榨出鲜汁，用干净的纱布或不锈钢滤网过滤出橙汁。

3. 在橙汁中加温开水调匀，即可。

营养师告诉你

　　鲜橙含有丰富的维生素C、果酸、维生素B_1、维生素B_2、尼克酸、蛋白质、粗纤维、铁、钙、磷等营养素，有利于增进消化，补充母乳、牛奶中维生素的不足。还能帮助宝宝预防维生素C缺乏病。

西瓜汁

适宜范围： 3个半月以上的宝宝。

原料： 西瓜瓤100克。

制作方法：

1. 西瓜瓤去掉子，放到碗内，用匙捣烂，用干净的纱布过滤。

2. 在过滤出的汁里加入温开水，调匀即可。

营养师告诉你

　　西瓜汁含有丰富的维生素C、葡萄糖、氨基酸、磷、铁等营养成分，维生素B_1的含量也很高。西瓜性凉，有清热利尿的作用，对发热的宝宝很有好处。

超级啰唆

　　1. 做西瓜汁不能选择生瓜，也不能选择熟得太过了的西瓜，也不要用冰镇的西瓜。

　　2. 西瓜汁性凉，喂宝宝的时候最好先用温开水稀释，防止伤害宝宝的胃。

　　3. 要注意控制喂养量，一次不要喂得太多。

苹果水

适宜范围：3个月以上的宝宝。

原料：新鲜苹果一个（约100克）。

制作方法：

1.将苹果洗净，去掉核，切成小块。

2.在锅中加入适量的水，煮开，再把切好的苹果块放入沸水中煮5分钟，熄火。

3.凉凉后把上面的水盛出来，就可以喂宝宝了。

营养师告诉你

苹果富含大量的维生素和微量元素。煮熟的苹果水里面溶解了大量的维生素，对帮助宝宝补充维生素特别有好处。这样做出来的苹果水也比较容易消化，特别适合胃肠功能偏弱、容易消化不良的宝宝。

超级啰唆

注意哦，苹果的维生素和果胶等有效成分大部分藏在皮或近皮的部分，为宝宝做苹果水的时候，最好不要削皮，但一定要清洗干净。

雪梨汁

适宜范围：3个月以上的宝宝。

原料：新鲜雪梨1个。

制作方法：

1.将雪梨洗净，去皮、去核，切成小块。

2.放入榨汁机榨成汁，兑入适量的温开水调匀即可。

营养师告诉你

雪梨性微寒，汁甜味美，有生津润燥、清热化痰、润肠通便的功效。雪梨里含有丰富的果糖、葡萄糖、苹果酸、烟酸、胡萝卜素、维生素B_1、维生素B_2、维生素C等营养物质，对宝宝补充维生素和各种营养有很大的好处。

超级啰唆

1.雪梨一定要新鲜，不要用冰镇过的雪梨给宝宝榨汁喝。

2.不宜过量食用，一天不能超过1个。

枣水

适宜范围: 3个半月以上的宝宝。

原料: 大枣(干、鲜均可)10～20枚,清水适量。

制作方法:

1. 干大枣先在水中泡1个小时,涨发后洗净,捞入碗中。新鲜大枣洗干净直接放入碗中。

2. 蒸锅内放适量的水,把装大枣的碗放入蒸锅进行蒸制。

3. 看到蒸锅上汽后,等15～20分钟再出锅。

4. 把蒸出来的大枣水倒入小杯,兑上适量的温开水调匀。

营养师告诉你

大枣含有丰富的蛋白质、脂肪、糖类、胡萝卜素、B族维生素、维生素C、维生素PP以及磷、钙、铁等成分,维生素C的含量更是在各种果品中名列前茅。大枣还有补脾、养血、安神的作用,贫血的宝宝喝点枣水应该说是很有好处的。

超级啰唆

1. 大枣含糖量高,喝的时候要多兑点水,并且不需要再放糖。

2. 枣水虽然能预防贫血,喝多了却容易上火。因此,1天1次就可以,1次不要超过50毫升,更不要天天喝。2个月的宝宝1周喝1次比较好。

番茄汁

适宜范围: 3个半月以上的宝宝。

原料: 熟透的新鲜西红柿半个(约50克),清水适量。

制作方法:

1. 将西红柿清洗干净。

2. 锅内放少量水,烧开,将洗好的西红柿放到沸水中烫2分钟。

3. 取出西红柿,剥皮,切成小块。

4. 用干净的纱布把西红柿包好,用力挤出汁水(也可用榨汁机)。

营养师告诉你

西红柿含丰富的果糖、苹果酸、柠檬酸、B族维生素和钙、磷、铁等矿物质,能够促进宝宝的细胞合成、骨骼生长和体内脂肪、蛋白质的代谢,还能帮助宝宝消化和吸收从奶水中获得的营养。

超级啰唆

1. 可以先用小刀在西红柿的底部浅浅地划个十字,再放入沸水中烫,这样剥皮会变得容易很多。

2. 西红柿含有胡萝卜素,吃得太多有可能引起"胡萝卜素血症",使宝宝的面部和手部皮肤变成橙黄色,并出现畏食、烦躁、夜惊、啼哭不止等症状。因此,注意不要喂得太多,1次1～2小勺就可以了,1天不要超过3次。

胡萝卜水

适宜范围：4个月以上的宝宝。

原料：新鲜胡萝卜50克，清水50克。

制作方法：

1. 将新鲜的胡萝卜洗净，切成碎丁。

2. 锅内加入水，将切好的胡萝卜丁放进去煮。

3. 水开后，再煮5～10分钟，熄火，凉至不烫手。

4. 用干净的纱布或不锈钢滤网过滤，只取汁水，加入白糖调匀即可。

营养师告诉你

胡萝卜中含丰富的B族维生素和维生素A原。当然，还有大量的胡萝卜素。这些营养素可以帮助宝宝维持身体的正常生长和发育，预防夜盲症和眼干燥症；还能增强宝宝的机体免疫力，预防呼吸道感染，促进消化，对消化不良引起的腹泻也有一定的食疗作用。

超级啰唆

1. 试温度的时候，可以用干净的小勺舀一点，滴在自己的手腕内侧，感觉是不是太烫。

2. 刚开始喝时，要添点温开水稀释一下，再喂给宝宝。

油菜水

适宜范围：3个月以上的宝宝。

原料：新鲜的油菜叶100克，清水适量。

制作方法：

1. 先把菜叶洗净，再在清水里泡上20分钟，以去除叶片上残留的农药。

2. 在锅里加50毫升水，煮沸，把菜叶切碎，放到沸水里煮1～3分钟。

3. 熄火，盖上盖凉一小会儿，温度合适后，用干净的纱布或不锈钢滤网过滤，即可。

营养师告诉你

油菜含有丰富的维生素C、钙、铁，是种营养价值较高的绿叶蔬菜。除了帮宝宝补充营养，油菜还有具有消毒解毒、行滞活血的功效。便秘的宝宝喝点油菜汁，应该是很有好处的。

超级啰唆

1. 油菜一定要选新鲜的，而且要现做现吃。因为长时间存放的油菜会受细菌作用产生亚硝酸盐，使宝宝中毒。

2. 油菜性偏寒，消化不良的宝宝就不要吃了。

3. 把油菜叶换成其他绿叶蔬菜，就是各种各样的青菜水了。

黄瓜汁

适宜范围：3个月以上的宝宝。

原料：新鲜的黄瓜半根（约50克）。

制作方法：

1.将黄瓜洗净，去皮。

2.用干净的擦菜板把洗好的黄瓜擦成细丝。

3.用干净的纱布包住擦好的黄瓜丝，用力挤出汁。也可以把擦好的黄瓜丝放到榨汁机里，榨出黄瓜汁。

营养师告诉你

　　黄瓜含有丰富的维生素C、维生素B₁、维生素B₂和钙、磷、铁等矿物质，能帮宝宝补充生长发育所需要的营养。

超级啰唆

　　1.黄瓜性凉，喝的时候最好先用温开水稀释。

　　2.为了避免宝宝拉肚子，一次不要喝太多，一小勺就够了。

果味胡萝卜汁

适宜范围：4个月以上的宝宝。

原料：新鲜的胡萝卜1个（约100克），新鲜的苹果半个。

制作方法：

1.胡萝卜、苹果削皮，洗净后切成小丁。

2.放到锅里，加水，煮20分钟。

3.熄火凉凉，用干净的纱布滤出胡萝卜汁，即可。

营养师告诉你

　　胡萝卜、苹果都含有丰富的维生素和矿物质，对帮助宝宝补充营养是很有好处的。因为胡萝卜有种特殊的气味，有的宝宝不喜欢喝。加入既营养又美味的苹果进行调和，不但提升了营养价值，还改善了口味，一举两得。

超级啰唆

　　1.制作时，要注意切碎、煮烂，让胡萝卜和苹果里的营养成分充分地溶解到汤里。

　　2.过滤的时候多进行几次，把胡萝卜和苹果的渣过滤干净。

　　3.喂宝宝的时候，记得先用温开水稀释一下。

5～6个月：
换乳和辅食添加初期，添加泥糊状食物

宝宝的身体发育

▶▶ 5个月的宝宝

出生后的第五个月仍然是宝宝迅速生长的时期。在这个月里，宝宝每天都会有新的进步，让辛苦了几个月的妈妈们感到欣喜不已。比如：只要轻轻地拉住宝宝的手腕，宝宝就可以坐起来，虽然还不是很稳，但终于不用老是躺着了。随着腿部力量的增强，宝宝还渐渐地喜欢上了蹬跳，扶着东西也可以站一会儿了。手部的力量也在增长，双手已经可以抱住奶瓶。视觉发育方面，视线可以沿着一个方向移动，并能注意到视线范围内的很小的物体。能根据看到的东西所在的方向准确地拿到自己想拿的东西。视觉与听觉之间已经建立联系，听到声音后会把头转向发声的地方，用眼睛去寻找声源。开始积极地观察自己周围的事物。叫他的名字时开始有反应，并开始模仿大人们的动作和声音。会自然地微笑，高兴的时候还会尖声大叫。这时宝宝还不会说话，但开始学会发不同的音，能发出声母与韵母结合的连续音节，如ba—ba—ba，ma—ma—ma等。

在这个月里，宝宝的体重将增加550～650克，身高将增加1.5～2厘米，头围增加1.2～2厘米，有些发育快的宝宝，会萌出乳牙的门牙。这个月还有一个新的现象，就是宝宝们的发育速度出现了明显的差异。这个阶段也是宝宝们容易发生肥胖的时期，不管是喂奶还是添加辅食，都要注意把握合适的"度"，不要让宝宝吃得过饱。

另外还要注意的是：这时宝宝从妈妈那里得到的免疫抗体正在逐渐减少，而自己的抗体还没有生成，所以很容易生病。

▶▶ 6个月的宝宝

第六个月的宝宝，体格进一步发育，神经系统日趋成熟：趴着时能用肘支撑着自己把上半身抬起来，腹部还是要靠着床面，躺着时喜欢把两腿伸直举高。开始学会了翻身，喜欢在床上滚来滚去。随着头颈部肌肉的发育，头能稳稳当当地竖起来了，于是宝宝开始不愿意被横抱，而是喜欢大人把他们竖起来抱。两手能同时拿住两块积木，玩具如果不见了，还会到处去找。特别喜欢使劲地摇晃手中的玩具，或是重重地把玩具扔在地上，听它发出的响声。

宝宝的听力比以前更加灵敏，能分辨不同的声音，在大人背儿歌时还会做出自己熟知的动作。这个月的宝宝已经能够区别亲人和陌生人，看见看护自己的亲人会高兴，从镜子里看见自己也会笑，看到爸爸妈妈离开会感到害怕。当感到不称心时，宝宝会用哭、尖叫等方式发脾气。这个阶段是宝宝最爱交际的时候，有的宝宝已经学会以伸手、拉人或发音等方式主动和别人交往。大部分的宝宝在这个月开始出牙。这时候的宝宝还有一个很重要的变化，就是可以安安稳稳地睡一整夜的觉，不会让妈妈们半夜起来喂宝宝吃奶了。

第6个月的宝宝免疫功能发育还是不成熟，对疾病的抵抗力低，仍然很容易生病。由于从母体得到的抵抗疾病的抗体逐步消失，得疾病的危险大大地增加了。

宝宝的体重本月内会增加500～650克，月末体重可以达到6500～7500克。身高将增加1.2～2厘米，月末可以达到62～68厘米。头围也会增加1～1.5厘米，月末可达到41～43厘米。

阶段喂养方案

▶▶▶ 注意补铁

宝宝在6个月时，体重可达出生时的两倍，各种功能也在进一步地发展和完善，光靠喂奶，已不能满足宝宝对热量、蛋白质及其他营养素的需求。而在这时候，宝宝从妈妈那里得到的储存在体内的铁也基本上消耗殆尽，需要及时补充含铁量丰富的辅食，否则就容易出现缺铁，进一步则会发展成缺铁性贫血。这时候可以给宝宝吃煮熟的蛋黄，先从1/4只开始，捣碎后用米汤调开或调到牛奶里喂给宝宝，吃上几天没有问题了，再增加到1/2只。

▶▶▶ 逐步给宝宝添加辅食

添加时先从谷类开始。先加一些米粉、米粥、麦糊之类的淀粉类半流质食物。先从1～2匙开始，慢慢地加量。然后是蔬菜和水果。除了继续给宝宝吃水果汁和新鲜蔬菜汁，可以做一些菜泥和水果泥，以锻炼宝宝对非液态食物的适应能力。

从4个半月开始可以在母乳喂养的基础上给宝宝加一些含铁的纯米粉（在市场上可以买到，最好是选知名企业出的正规产品）。如果不加米粉，也可以每天给宝宝喂1汤匙没有米粒的稀粥，锻炼一下宝宝对淀粉类食物的消化和吸收能力。没有什么特殊情况的话，从5个月起可以增加到2～3汤匙，还可以再加半匙菜泥，分成2次喂给宝宝。浓鱼肝油滴剂还要继续用，每日400单位。菜汁、果汁应该从3汤匙逐渐增加到5汤匙，在2次喂奶的间隙喂给宝宝。在这个阶段，添加的食物必须是流质、半流质食物和很容易咀嚼和吞咽的泥糊状食物，不能添加固体食物。

添加辅食的时候要记得一条：不要性急，慢慢来。有的母亲想给宝宝多加点营养，就一天换一样，其实是很不对的，因为这会造成宝宝的肠胃功能紊乱，反而无法吸收更多的营养。辅食的添加一定要一样一样地来，添加一种辅食后至少要等3～5天才能考虑换下一种。

▶▶▶ 保证足够的奶量

虽然开始添加辅食，母乳或配方奶仍然是宝宝的主食，每天必须保证足够的饮奶量（500～600毫升）。

5个月的宝宝除了加蛋黄、粥、果泥和菜泥外，还可以加一点肉质细嫩的鱼肉，

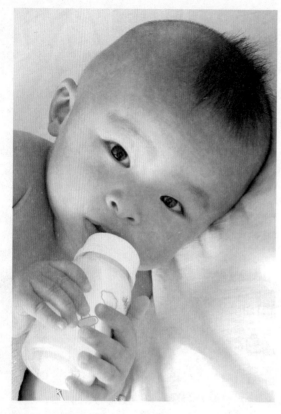

如平鱼、黄花鱼等。但是要注意，一定要把刺挑干净。6个月的时候可以尝试给宝宝添加肝泥、鸡肉、鸭肉、猪肉等肉泥，还可以加一点烂面条等比较软的食物。这个时候宝宝已经开始出牙，可以少量地给宝宝一些馒头片、面包干和饼干之类的固体食物，让宝宝磨磨牙，以促进牙齿的生长和发育。

给宝宝添加辅食最好选择固定的时间，同时延长两次喂奶之间的时间间隔。到宝宝6个月的时候，可以考虑断掉夜奶。

要仔细观察宝宝对母乳和配方奶的兴趣。如果添加辅食后宝宝很久不想吃奶，就说明辅食加得太多太快，需要适当地减量。

▶▶▶ 本阶段可添加的食物

米粉、米糊或稀粥：锻炼宝宝的咀嚼与吞咽能力，促进消化酶的分泌。可以选用知名厂家生产的营养米粉，也可以自己熬粥。

蛋黄：蛋黄含铁量高，可以补充铁，预防缺铁性贫血。做法：煮好的蛋黄1/4个用米汤或牛奶调成糊状，用小勺喂。

动物血：鸡、鸭、猪血等，弄碎了之后调到粥里喂宝宝。可以帮宝宝补铁，预防缺铁性贫血。每周加一次。

蔬菜泥：各种新鲜蔬菜都可以添加，如菠菜、青菜、油菜、胡萝卜、马铃薯、青豆、南瓜等。做法：将新鲜蔬菜洗干净，细剁成泥，在碗中盖上盖子蒸熟；胡萝卜、土豆、红薯等块状蔬菜宜用文火煮烂或蒸熟后挤压成泥状；菜泥中加少许素油，以急火快炒即成。

水果泥：苹果、香蕉等水果。做法：将水果用小匙刮成泥状喂给宝宝。但是要注意，一些酸味重的水果，如橙子、柠檬、猕猴桃等，先不要给宝宝吃。

鱼泥：选择河鱼或海鱼，去内脏洗干净，蒸熟或加水煮熟，去净骨刺，取出肉挤压成泥。吃的时候调到米糊里喂宝宝。

肉泥或肉糜：鲜瘦肉剁碎，蒸熟即可。吃的时候可以加上蔬菜泥，拌在粥或米粉里喂宝宝。

宝宝一日营养计划

▶▶▶ 5个月的宝宝

主要食物	母乳或配方奶
辅助食物	白开水、鱼肝油（维生素A、维生素D比例为3：1）、水果汁、菜汁、菜汤、肉汤、米粉（糊）、蛋黄泥、菜泥、水果泥
餐次	每4小时1次
上午	6时母乳哺喂10～20分钟，或配方奶120～150毫升
	8时喂蛋黄1/8个，温开水或水果汁或菜汁90毫升
	10时喂母乳10～20分钟，或配方奶120～150毫升
	12时喂菜泥或水果泥30克，米汤30～50毫升
下午	14时喂母乳10～20分钟，或配方奶120～150毫升
	16时喂蛋黄1/8个，肉汤60～90毫升
	18时喂母乳10～20分钟，或配方奶120～150毫升
夜间	20时喂 米粉30克，温开水或水果汁或菜汁30～50毫升
	22时喂母乳10～20分钟，或配方奶120～150毫升
	2时喂母乳10～20分钟，或配方奶120～150毫升
	鱼肝油每日1次，每次400单位

▶▶▶ 6个月的宝宝

主要食物	母乳或配方奶
辅助食物	白开水、鱼肝油（维生素A、维生素D比例为3：1）、水果汁、菜汁、菜汤、肉汤、米粉（糊）、蛋黄泥、菜泥、水果泥、鱼泥、肉泥、动物血
餐次	每4小时1次
上午	6时喂母乳20分钟，或配方奶150~200毫升
	8时喂果汁或菜汁或温开水80毫升
	10时喂米粉20克，蛋黄1/4个
	12时喂菜汁或果汁或菜汤30~60毫升，鱼泥或肉泥20~50克
下午	14时喂母乳20分钟，或配方奶150~200毫升
	16时喂菜泥或果泥30~60克，肉汤30~60毫升
	18时喂母乳20分钟，或配方奶150~200毫升，米汤30~60毫升
夜间	20时喂果泥或绿叶蔬菜菜泥50克，蛋黄1/4个
	22时喂母乳20分钟，或配方奶150~200毫升
	鱼肝油每日1次，每次400单位

巧手妈妈动手做

米汤

适宜范围：4个月以上的宝宝。

原料：大米（小米、高粱米也可以）200克，清水适量。

制作方法：

1. 将大米用清水淘洗干净，放到锅里，加上适量的水煮。
2. 先用大火将水烧开，再改成小火煮20分钟左右。
3. 取上层的米汤喂给宝宝。

营养师告诉你

米汤含有丰富的糖类、蛋白质、脂肪及钙、磷、铁等矿物质和多种维生素，汤味香甜，容易消化和吸收，是宝宝辅食添加初期的理想食品。

超级啰唆

1. 可以在煮饭的时候多放点水，等米快熟时用调羹舀汤来给宝宝喝。
2. 开始不要给宝宝吃米粒，煮得多烂都不可以。

小米粥

适宜范围：4个月以上的宝宝。

原料：小米30～50克，清水适量。

制作方法：

1. 将小米用清水淘洗干净。
2. 放到锅里，加上适量的水煮成稀粥。
3. 取上层的米汤喂给宝宝。

营养师告诉你

小米营养丰富，含有丰富的维生素和矿物质。小米中的维生素B_1是大米的好几倍，矿物质含量也高于大米。但是小米有一个不足，就是它的蛋白质中赖氨酸的含量较低。

超级啰唆

小米粥不宜太稀薄，最好和豆制品、肉类食物搭配食用。

鲜玉米糊

适宜范围：5个月以上的宝宝。

原料：新鲜玉米半个（约100克）。

制作方法：

1. 用刀将洗干净的新鲜玉米的玉米粒削下来，放到搅拌机里打成浆。

2. 用干净的纱布进行过滤，去掉渣。

3. 将过滤出来的玉米汁放到锅里，煮成糊糊即可。

营养师告诉你

　　玉米含有钙、镁、硒、维生素（A、E）、磷脂酰胆碱、氨基酸等30多种营养活性物质，能帮助宝宝增强免疫力，促进大脑细胞的发育。

超级啰唆

　　凉到合适的温度再给宝宝喂食，不要烫到宝宝。

土豆泥

适宜范围：4个月以上的宝宝。

原料：没有发芽的新鲜土豆1个（约100克），清水适量。

制作方法：

1. 将选好的土豆削去皮，切成小块。

2. 放到锅里，加上适量的水煮至熟软。或放到小碗里，上锅蒸熟。

3. 取出土豆，放到一个小碗里，用小勺捣成泥即可。

营养师告诉你

　　土豆营养丰富，除了含有淀粉、蛋白质、脂肪和膳食纤维外，还含有丰富的钙、磷、铁、钾等矿物质和维生素C、维生素A及B族维生素等营养素，有"地下人参"的美誉。

超级啰唆

　　1.发芽和霉烂的土豆不能吃。因为发芽或发霉的土豆里含有大量的龙葵碱，吃了会使人中毒。

　　2.吃土豆的时候一定要去皮，尤其是颜色已经变绿的皮。

胡萝卜泥

适宜范围：4个月以上的宝宝。

原料：新鲜胡萝卜1/8根（约20克），清水适量。

制作方法：

1. 将选好的胡萝卜去掉根须，洗干净，竖切一刀，把胡萝卜剖开，去掉里面的硬芯，切成1厘米见方的丁。

2. 把胡萝卜放到锅里，加上适量的水煮至熟软。或放到小碗里，上锅蒸熟。

3. 取出胡萝卜，放到一个小碗里，用小勺捣成泥，加上少量的油或牛奶，搅匀即可。

营养师告诉你

胡萝卜是一种质脆味美、营养丰富的家常蔬菜，素有"小人参"之称。胡萝卜富含胡萝卜素，这种胡萝卜素的分子结构相当于2个分子的维生素A，进入人体后会经过酶的作用生成维生素A，对帮助宝宝补充维生素A，预防夜盲症，促进宝宝的生长有极好的作用。此外，胡萝卜还含有较多的钙、磷、铁等矿物质，糖类、脂肪、挥发油、维生素B_1、维生素B_2等营养成分，是宝宝的理想食物。

超级啰唆

1. 做胡萝卜泥一定要加少量的油或牛奶，不然里面的胡萝卜素不容易被宝宝吸收。

2. 最好不要天天吃。胡萝卜吃得过多，会由于胡萝卜素摄入过多使宝宝患上"胡萝卜素血症"。

南瓜泥

适宜范围：4个月以上的宝宝。

原料：新鲜南瓜1块（大小可以根据宝宝的饭量确定），米汤、清水各适量。

制作方法：

1. 将南瓜洗净，削皮，去掉籽，切成小块。

2. 放到一个小碗里，上锅蒸15分钟左右。或是在用电饭煲焖饭时，等水差不多干时把南瓜放在米饭上蒸，饭熟后等5～10分钟，再开盖取出南瓜。

3. 把蒸好的南瓜用小勺捣成泥，加入米汤，调匀即可。

营养师告诉你

南瓜营养丰富，含有多糖、氨基酸、活性蛋白、类胡萝卜素及多种微量元素等营养元素，而且不容易过敏，刚刚开始添加辅食的宝宝比较适合。

超级啰唆

1. 南瓜含的糖分较高，不宜久存，削去皮后不要放置太久。

2. 闻起来有酒味的南瓜不要吃，容易中毒。

茄子泥

适宜范围：4个月以上的宝宝。

原料：嫩茄子1/2个（约50克）。

制作方法：

1. 将茄子洗净，削去皮，切成1厘米左右的细条。

2. 放到一个小碗里，上锅蒸15分钟左右。

3. 把蒸好的茄子用小勺在干净的不锈钢滤网上挤成泥，即可。

营养师告诉你

茄子含有蛋白质、脂肪、糖类、维生素及钙、磷、铁等多种矿物质，特别是维生素P的含量很高。维生素PP能保护心血管，还有帮助宝宝防治维生素C缺乏病的功效。

超级啰唆

1. 茄子一定选择嫩的。老茄子的籽不易吞咽，还容易呛入气管，使宝宝咳嗽不止。

2. 茄子性寒凉，适合在夏天吃，有助于清热解暑。

3. 消化不良、容易腹泻的宝宝最好少吃。

油菜泥

适宜范围：4个月以上的宝宝。

原料：新鲜油菜叶50克，米汤适量。

制作方法：

1. 将油菜洗净切碎，放到煮沸的开水里煮2分钟左右。

2. 取出油菜，用小勺在干净的不锈钢滤网上研磨，挤出菜泥。

3. 将油菜泥和米汤混合，放入小锅中煮开，盛出凉凉即可。

营养师告诉你

油菜含有丰富的钙、铁、胡萝卜素和维生素C，有助于增强机体免疫能力。油菜的含钙量在绿叶蔬菜中是最高的，大约是白菜与卷心菜的2倍。另外，油菜中所含的维生素C是芹菜、白菜的5~7倍，铁的含量是芹菜和卷心菜的2~5倍。可以说，油菜是绿叶蔬菜中的佼佼者。

 超级啰唆

麻疹后期的宝宝要少吃。

苹果泥

适宜范围：4个月以上的宝宝。

原料：新鲜苹果1个（约100克）。

制作方法：

1.取新鲜苹果洗净，去皮、核，切成薄片。

2.将苹果片稍加水一起煮。

3.先用大火煮沸，再用中火煮10分钟左右，熬成糊状。

4.盛出后把苹果糊用小勺研成泥即可。

营养师告诉你

苹果富含糖类、酸类、芳香醇类和果胶物质，并含有维生素B、维生素C及钙、磷、钾、铁等营养成分，宝宝腹泻时吃点苹果泥，有止泻作用。

超级啰唆

1.注意使用新鲜的苹果，存放了几天的水果不宜用来制作果泥。

2.要现做现吃。即使宝宝吃不完，也不宜存放。

香蕉糊

适宜范围：4个月以上的宝宝。

原料：熟透的香蕉半根（约100克）。

制作方法：

1.香蕉剥皮，用小勺把香蕉捣碎，研成泥状。

2.把捣好的香蕉泥放入小锅里，加少许清水调匀。

3.用小火煮2分钟左右，边煮边搅拌。

4.盛出后稍凉即可。

营养师告诉你

香蕉的营养价值比较高。平均每100克果肉里就有含20克糖类、1.2克蛋白质、0.6克脂肪，还含多种维生素和微量元素。香蕉清热润肠，能够促进肠胃蠕动，对便秘的宝宝来说有不小的帮助。

超级啰唆

要选用熟透的香蕉，生香蕉含有较多的鞣酸，对消化道有收敛作用，摄入过多就会引起便秘或加重便秘病情。

枣泥

适宜范围：4个月以上的宝宝。

原料：大枣3～6枚（干、鲜均可）。

制作方法：

1. 先将干大枣用冷水泡1个小时，再清洗干净；鲜大枣直接洗干净备用。

2. 把洗好的大枣装到一个小碗里，上锅蒸熟。

3. 取出大枣，去掉皮、核，再用小勺捣成细泥，即可。

营养师告诉你

大枣含有蛋白质、脂肪、糖类、有机酸、维生素A、维生素C、钙、多种氨基酸等丰富的营养成分，并且具有补中益气、养血安神、增强食欲的作用。

超级啰唆

1. 一定要把皮去净。

2. 不要让宝宝吃得太多，以免造成膳食不平衡，每次2～4克比较合适。

猪肉泥

适宜范围：5个月以上的宝宝。

原料：新鲜的猪瘦肉20克，植物油、料酒、高汤、葱花、姜末各少许，淀粉适量。

制作方法：

1. 将猪瘦肉洗净，去皮，挑去筋，切成小块，放到绞肉机里绞碎或用刀剁碎。

2. 加上淀粉、料酒、葱花、姜末拌匀，放到锅里蒸熟。

3. 锅内加少许植物油，下入肉末，加入少许高汤，在文火上炒成泥状，即可。

营养师告诉你

猪肉是目前人们餐桌上重要的动物性食品之一。猪瘦肉中含有丰富的动物蛋白质、有机铁和促进铁吸收的半胱氨酸，脂肪的含量比较低，能帮助宝宝补充铁质，预防缺铁性贫血。如果烹饪得法，不但口感细嫩，而且味道鲜美，很容易被宝宝接受。

超级啰唆

1. 选择稍厚些的肉块，用边缘稍微锋利些的勺子顺着一个方向刮，也可以刮出较细的肉泥。

2. 蒸的时候先在肉里加些淀粉，蒸出来才不会硬。

3. 每隔3～5天喂1次。

蒸鱼肉泥

适宜范围：5个月以上的宝宝。

原料：质地细致、肉多刺少的鱼类。料酒少许，姜1小片，植物油适量。

制作方法：

1. 将选好的鱼除去鱼鳞和内脏，洗净。
2. 放到一个碗里，加上料酒、姜，上锅清蒸10～15分钟。
3. 待鱼肉冷却后，用干净的筷子挑去鱼皮和鱼刺，将鱼肉用小勺压成泥状。

营养师告诉你

鱼肉中含有丰富的蛋白质、脂肪及钙、磷、锌等营养物质，口感细嫩，容易消化，很适合宝宝吃。

超级啰唆

1. 也可以从红烧鱼上挑一些肉捣烂，喂给宝宝。
2. 一定要挑干净鱼刺。
3. 可以把鱼泥放到粥或米糊里喂给宝宝吃。

蛋黄羹

适宜范围：5个半月以上的宝宝。

原料：新鲜鸡蛋1个（约60克），清水适量。

制作方法：

1. 将鸡蛋打入碗里，取出蛋清，只留下蛋黄，加上等量的清水，用筷子搅成稀稀的蛋汁。

2. 把盛蛋黄的碗放到刚刚冒出热气的蒸锅里。
3. 用小火蒸10分钟即可。

营养师告诉你

蛋黄富含蛋白质和铁，是宝宝辅食添加初期最好的食品。这样蒸出来的蛋羹，口感滑嫩，营养丰富，又减少了使宝宝过敏的危险，很受宝宝们的欢迎。

超级啰唆

一定要用小火蒸，大火猛蒸会使蛋羹表面起泡，失去应有的滑嫩。如果对蒸鸡蛋没有经验，可以在起锅前先用筷子拨一下，看看蛋羹的内部成形了没有，成形了就可以出锅了。如果还没有完全成形，可以再蒸2～3分钟。

菠菜鸭血豆腐汤

适宜范围：6个月以上的宝宝。

原料：鸭血1小块（10克左右），嫩豆腐1小块（10克左右），新鲜菠菜叶1把（10克左右），枸杞2粒，高汤适量。

制作方法：

1.先将菠菜叶洗干净，放入开水中焯2分钟。

2.将鸭血和豆腐切成薄片待用。枸杞清洗干净待用。

3.砂锅内放高汤，将鸭血、豆腐、枸杞下进去，用小火炖30分钟左右。

4.下入菠菜，再煮1～2分钟，即可。

营养师告诉你

　　鸭血是铁含量最丰富的食物之一，蛋白质的含量也很高，还具有清洁血液的能力。豆腐富含蛋白质和钙，也具有清火作用。菠菜含有丰富的叶酸，并且能预防便秘。三者搭配，既能提供充足的营养，又能帮助人体代谢，适合在夏天吃。

超级啰唆

　　1.菠菜一定要选新鲜的，做之前要充分洗净，以防有农药残留；还要用沸水氽烫，以去掉草酸。

　　2.一次不要给宝宝喝太多，以免影响母乳或配方奶的进食量。

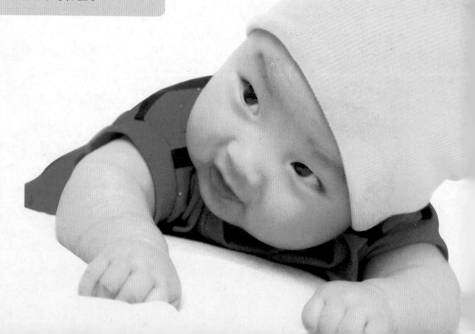

7~8个月：
换乳中期，添加颗粒状、小片成形的固体软食

宝宝的身体发育

▶▶▶ 7个月的宝宝

宝宝的运动肌开始迅速发育：已经会熟练地翻身，当家人用玩具在前面逗引，并用手抵住宝宝的脚掌向前推的时候，宝宝可以向前移动。可以不用别人扶而自己坐着，但还不能坐得太久。

大多数的宝宝在这个时期开始出牙，因而出现流口水、烦躁不安、喜欢乱咬东西甚至发低烧的现象。这时最好给宝宝一些饼干或半固体的食物，使宝宝的牙齿和牙床得到刺激和锻炼，促使宝宝顺利出牙。

7个月的宝宝对各种疾病的抵抗力仍然很弱，因而很容易得病，尤其是消化道和呼吸道方面的疾病。另外，这个月的宝宝患佝偻病、缺铁性贫血、高热惊厥的也很多。这就需要妈妈们提前做好预防工作，使宝宝免受这些常见病的袭击。

在这个月里，宝宝的体重将增长500~550克，到月末达到7000~8000克。身高将增长1.5厘米左右，到月末达到65~70厘米。头围将增长0.5~1厘米，到月末达到41.5~43.5厘米。

▶▶▶ 8个月的宝宝

8个月的宝宝，进食、排泄、睡眠及醒来已经有了明显的节奏感：一天要吃3~4顿，白天需要打2~3次盹，晚上可以睡11~13个小时。妈妈喂食的时候，宝宝能接近杯子或调羹，并在妈妈的帮助下直接从杯子里喝水。

随着和外界接触的增多，宝宝的视觉也进一步发展：可以随意地观察他们感兴趣的事物，并积极地运用自己的眼睛去了解周围的世界，眼睛和手的动作也比较协调。宝宝开始学着通过触摸、摇动、打击来探索物体，喜欢把物体从椅子或小床边缘推落，然后观察它的反应。能用拇指、食指、中指捏住小东西，还会把蒙住小脸的纱布

拉下来。两只手可以同时抓住东西，还会把玩具从一只手上换到另一只手上。

这时候，宝宝已经学会自己抓住栏杆站起来；可以熟练地从腹侧到背侧及由背侧到腹侧打滚；能用胳膊和膝盖支撑形成爬的姿势，并来回摇动。会用不同的哭声表示受伤、潮湿、饥饿及孤单的感觉，发出特殊的声音表示高兴或不高兴，能辨认并寻找熟悉的话音和声音，能对自己的名字作出反应，并开始积极地模仿别人的声音、动作和面部表情。当玩具被拿走时会表示难过，被胳肢和被抚摸的时候则会笑得很开心。能辨别出家庭成员的名字，对和父母分开表现出或多或少的焦虑，并会对别人的痛苦作出表示苦恼或哭泣的反应。如果感觉到自己可能从高处（床、桌子或楼梯上）掉下去的时候，还会表示害怕。

有的宝宝在这个月已经出了2~3颗门牙，也有的宝宝一颗牙都没有出。这时候要给宝宝吃一点饼干等小块的固体食物，锻炼一下宝宝的牙床，促进乳牙的顺利萌出。

到这个月末，宝宝的体重将达到7500~8500克。身高将达到68~72厘米。头围将增加到42.5~44厘米。

阶段喂养方案

▶▶▶ 逐渐添加固体软食物

如果说前6个月单靠母乳喂养还能满足宝宝的话，这时候的宝宝已经不能被母乳里提供的营养所满足，必须添加辅食，以满足宝宝旺盛的营养需要。

进入第7个月，宝宝的体格发育逐渐减慢，自主活动明显增多，每天的热能消耗不断增加，饮食结构也要随之进行调整。在这一阶段，宝宝在吃辅食方面有一个显著的变化，就是可以吃一点细小的颗粒状食物和小片柔软的固体食物了。这是因为，大部分的宝宝在第七月已经开始长牙，有了咀嚼能力，舌头也有了搅拌食物的功能，给他（她）增加一些小片的、用舌头可以捻碎的柔软食物（如豆腐等），可以进一步锻炼宝宝的咀嚼功能，使宝宝尽快完成向吃固体食物的转变。

这一阶段辅食添加的基本原则是：每天添加的次数基本不变，1天3次，添加的时间不变，但是要尝试着使辅食的种类更加丰富，并且要注意合理搭配，以保证能给宝宝提供充足而均衡的营养。

▶▶▶ 减少宝宝的奶量

虽然添加了种类丰富的辅食，母乳和牛奶还是要继续吃。这时候应该开始给宝宝换乳，所以不必吃得很多，奶量保持在每天500毫升左右就可以了。母乳和配方奶不能提供的热量，可以通过增加半固体性的代乳食品，如米粉、稠粥、软烂面条、馒头、饼干、肝末、动物血、豆腐等食物来进行补充。在每日奶量不低于500毫升的前提下，通过两次代乳食品的添加，来减少两次奶量。

第8个月的宝宝每天需要喂5次，3次喂母乳，2次喂辅食。如果没有母乳，也可以用鲜牛奶或奶粉代替，每次150～180毫升，每天3次，另外加2次辅食。辅食的种类可以在前几个月的基础上增加面包、面片、芋头、山芋等品种。

▶▶▶ 丰富宝宝辅食的搭配组合

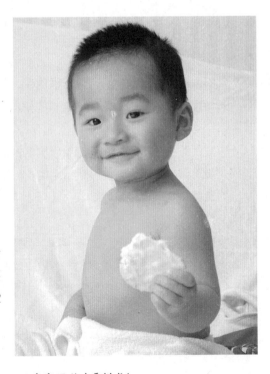

这一阶段是宝宝学习咀嚼的敏感期，最好提供多种口味的食物让宝贝尝试，并把这些食物进行搭配。宝宝吃的每一餐，最好要由淀粉、蛋白质、蔬菜或水果、油这4种不同类型的食物组成，以满足宝宝在口味和营养方面的需要。但是要注意一点：这个时候的宝宝还不能吃成人吃的饭菜，也不要在给宝宝制作的辅食里面添加调味品。

浓鱼肝油每天400单位。煮熟的蛋黄增至每天1个，并可以渐渐过渡到蒸蛋羹。菜汁、果汁增至每天6汤匙，分2次喂食。

◆宝宝可以吃雪饼啦！

▶▶▶ 本阶段可添加的食物

米粉、麦粉、米糊：为宝宝提供能量，并锻炼宝宝的吞咽能力。

粥：可以用各种谷物熬成比较稠的粥，还可以在粥里加一些肉泥和切得比较烂的蔬菜。

软烂面条：可以买那种专门给宝宝吃的面条，煮的时候掰成小段，加一些切碎的蔬菜、蛋黄等，煮到很烂的时候给宝宝吃，锻炼宝宝的咀嚼能力。

蛋类食品：不但可以吃蛋黄，还可以吃蒸全蛋，但是要从少量开始添加，并注意观察宝宝有没有过敏反应。

蔬菜和水果：各种蔬菜水、果水、菜泥、果泥都可以尝试给宝宝吃。但是葱、蒜、姜、香菜、洋葱等味道浓烈、刺激性比较大的蔬菜除外。

鱼泥和肉泥：鱼可以做成鱼肉泥，也可以给宝宝吃肉质很嫩的清蒸鱼，但是要注意挑干净鱼刺。一些家禽和家畜的肉，可以做成肉泥给宝宝吃。

碎肉末：一些家禽和家畜的肉，可以做成肉末给宝宝吃。

肝泥：含有丰富的铁、蛋白质、脂肪、维生素A、维生素B_1及维生素B_2，能帮宝宝补充所需要的营养。

动物血：含有丰富的铁质，能帮宝宝预防缺铁性贫血。

鱼松和肉松：猪肉、牛肉、鸡肉和鱼肉等瘦肉都可以加工成肉松。含有丰富的蛋白质、脂肪和很高的热量，可以给8个月的宝宝吃。

豆腐：含有丰富的蛋白质，并能锻炼宝宝的咀嚼能力。

磨牙食品：在喂食结束后，可拿些烤馒头片、面包干、磨牙饼干等让宝宝咀嚼，以锻炼宝宝的肌肉和牙床，促进乳牙的顺利萌出。搭配的果泥、肉泥可以略粗些，不用做成泥状。

宝宝一日营养计划

▶▶▶ 7个月的宝宝

主要食物	母乳或配方奶
辅助食物	白开水、鱼肝油（维生素A、维生素D比例为3∶1）、水果汁、菜汁、菜汤、肉汤、米粉（糊）、蒸全蛋、菜泥、水果泥、粥、烂面条、肝泥、肉泥、动物血、豆腐
餐次	每4小时1次
上午	6时喂母乳10～20分钟，或配方奶150～180毫升
	8时喂蒸全蛋1个，温开水或水果汁或菜汁90毫升
	10时喂肝泥或肉泥30～60克，白开水50～100毫升
	12时喂粥或面条小半碗，菜、肉或鱼占粥量的1/3
下午	14时喂母乳10～20分钟，或配方奶150～180毫升
	16时喂菜泥或水果泥30～60克，温开水或水果汁或菜汁100毫升
	18时喂母乳10～20分钟，或配方奶150～180毫升
夜间	20时喂米粉30～60克，温开水或水果汁或菜汁30～50毫升
	22时喂母乳10～20分钟，或配方奶150～180毫升

注：鱼肝油每日1次，每次400单位

▶▶▶ **8个月的宝宝**

主要食物	母乳或配方奶
辅助食物	白开水、鱼肝油（维生素A、维生素D比例为3：1）、水果汁、菜汁、菜汤、肉汤、米粉（糊）、蒸全蛋、菜泥、水果泥、肉末、碎菜末、稠粥、软烂面条、肝泥、肉泥、动物血、豆腐
餐次	每4～5小时1次
上午	6时喂母乳10～20分钟（牛奶或配方奶150～200毫升），面包一小片
	8时喂温开水或水果汁或菜汁120毫升
	10时喂牛奶200毫升，蒸鸡蛋1个，饼干2块
	12时喂肝末（或鱼末）粥一小碗
下午	14时喂母乳10～20分钟（牛奶或配方奶150～200毫升），馒头一小块
	16时喂菜泥或水果泥30～60克，肉汤50～100毫升
	18时喂软烂面条或软饭一小碗，碎菜末或豆腐或动物血30克
夜间	20时喂温开水或水果汁或菜汁100～120毫升
	22时喂母乳10～20分钟（牛奶或配方奶150～200毫升）

注：鱼肝油每日1次，每次400单位

巧手妈妈动手做

鸡肝糊

适宜范围：7个月以上的宝宝。

原料：鸡肝15克，鸡架汤15克。

制作方法：

1. 将鸡肝洗干净，放入开水中氽烫一下，除去血后再换水煮10分钟。

2. 取出鸡肝，剥去外皮，放到碗里研碎。

3. 将鸡架汤放到锅内，加入研碎的鸡肝，煮成糊状，搅匀即成。

营养师告诉你

鸡肝含有丰富的蛋白质、钙、铁、锌、维生素A、维生素B_1、维生素B_2和尼克酸等多种营养素，维生素A和铁的含量特别高，可以防治贫血和维生素A缺乏症。

超级啰唆

1. 鸡肝的外皮一定要除去。

2. 鸡肝要研碎，煮成糊状，才能给宝宝吃。

3. 最好不要和维生素C含量丰富的食物一起吃，会破坏维生素C的作用。

肝肉泥

适宜范围：7个月以上的宝宝。

原料：鸡肝（牛肝或猪肝也可以）20克，猪瘦肉10克，清水适量。

制作方法：

1. 将鸡肝和猪肉洗净，去掉筋、皮，放在砧板上，用刀或边缘锋利的不锈钢汤匙按同一方向以均衡的力量刮出肝泥和肉泥。

2. 将肝泥和肉泥放入碗内，加入少量的冷水搅匀。

3. 将调好的肝肉泥放到蒸笼里蒸熟，或者直接加到粥里和米一起煮熟即可。

营养师告诉你

鸡肝营养丰富，维生素A和铁的含量特别高，能帮助宝宝预防贫血和维生素A缺乏症。猪瘦肉含有丰富的蛋白质、脂肪、铁、磷、钾、钠等矿物质，还含有丰富而全面的B族维生素，但是维生素A的含量比较少。两者搭配，不但能给宝宝补充足够的铁，还能补充到比较全面的维生素。

超级啰唆

1. 肝脏的筋和皮一定要去掉，宝宝消化不了这些东西。

2. 一定要把肝脏完全做熟了再给宝宝吃，这样才能消灭残留在肝脏里的寄生虫卵或病菌，避免使宝宝受到感染。

3. 最好不要和维生素C含量丰富的食物一起吃，会破坏维生素C的作用。

蔬菜猪肝泥

适宜范围：7个月以上的宝宝。

原料：新鲜猪肝10克，新鲜胡萝卜10克，新鲜菠菜叶15克，清水适量。

制作方法：

1.将新鲜猪肝洗净，除去筋、膜，放在砧板上，用刀或边缘锋利的不锈钢汤匙按同一方向以均衡的力量刮出肝泥。

2.胡萝卜去掉根须，洗干净，剖开后去掉里面的硬芯，切成1厘米见方的丁，放入锅内加水煮至熟软，盛出后用小勺捣成泥。

3.将菠菜叶洗干净，先用开水氽烫1~2分钟，再捞出来切成碎末。

4.把猪肝泥、胡萝卜泥、菠菜末一起放到锅里，加清水，用小火煮5分钟，边煮边搅拌，煮开即可。

营养师告诉你

　　猪肝含有丰富的蛋白质、维生素A、B族维生素以及钙、磷、铁、锌等矿物质，其中的铁和维生素A对这一时期的宝宝来说显得特别重要。铁的补充可以帮助宝宝预防贫血；维生素A则具有维持正常的生长功能的作用，还能帮宝宝预防夜盲症。

超级啰唆

　　1.一定要把猪肝彻底做熟。如果是炒肝泥的话，至少要用急火炒5分钟。

　　2.一周吃一两次就可以了，不要吃太多。

　　3.猪肝忌和鱼肉、雀肉、荞麦、菜花、黄豆、豆腐、鹌鹑肉、野鸡肉等食物同吃。

　　4.最好不要和维生素C含量丰富的食物一起吃，会破坏维生素C的作用。

肝末土豆泥

适宜范围：7个月以上的宝宝。

原料：新鲜猪肝30克，土豆半个（30克左右），料酒少许，高汤适量。

制作方法：

1.将新鲜猪肝洗净，除去筋、膜，剖成两半，用斜刀在肝的剖面上刮出细末。

2.加入少量水，调成泥状，隔水蒸8分钟左右。

3.将土豆洗净，削去皮，切成小块，煮至熟软，盛出后用小勺捣成泥。

4.锅内加入高汤和料酒，放入猪肝泥和土豆泥煮5分钟。

5.用小勺把煮好的土豆泥和猪肝泥搅拌均匀，即可。

营养师告诉你

　　猪肝含有丰富的蛋白质、维生素A、维生素E和钙、铁等矿物质，土豆含有比较高的热量和蛋白质、糖类、胡萝卜素、纤维素以及钙、磷、铁、钾、钠、碘、镁和钼等矿物质，能给宝宝提供充分的能量和所需要的各种营养素，为宝宝的健康成长增添帮助。

超级啰唆

　　1.吃土豆一定要削皮。

　　2.发芽的土豆含有龙葵碱，多吃会中毒，所以，不要吃发了芽的土豆。就是变绿的部分也不能吃，要把它削掉。

　　3.猪肝忌和鱼肉、雀肉、荞麦、菜花、黄豆、豆腐、鹌鹑肉、野鸡肉等食物同吃。

　　4.最好不要和维生素C含量丰富的食物一起吃，会破坏维生素C的作用。

　　5.不要和香蕉一起吃。

熟肉末

适宜范围：7个月以上的宝宝。

原料：猪瘦肉250克，料酒少许，清水适量。

制作方法：

1.将猪瘦肉洗干净。

2.锅内加水，加入料酒，把整块猪瘦肉放到锅里煮2个小时左右，直到肉块被煮烂为止。

3.用消过毒的刀从肉块上割下一次吃的量（25～50克），在砧板上剁成碎末即可。

营养师告诉你

　　猪瘦肉含有丰富的蛋白质、脂肪及铁、磷、钾、钠等矿物质，还含有丰富而全面的B族维生素，能给宝宝补充生长发育所需要的营养，并帮宝宝预防贫血。

超级啰唆

　　其余的肉可以留在汤里，下次吃的时候将肉汤烧开后再食用。

蒸肉末

适宜范围: 8个月以上的宝宝。

原料: 猪瘦肉50克,水淀粉适量,料酒少许。

制作方法:

1. 将猪瘦肉洗干净,用刀在案板上剁成细泥,盛入碗内。

2. 加入料酒调味,再加入水淀粉,用手抓匀,放置1~2分钟。

3. 把盛猪瘦肉泥的碗放入蒸锅,蒸熟即可。

营养师告诉你

猪瘦肉含有丰富的蛋白质、脂肪及铁、磷、钾、钠等矿物质,还含有丰富而全面的B族维生素,能给宝宝补充生长发育所需要的营养,并帮宝宝预防贫血。

超级啰唆

盐和料酒的量一定要少,因为7~9个月是宝宝味觉发展的时期,可以给宝宝尝尝味道,但是调料太多则会使宝宝从小"口重",长大后容易偏食和挑食。

青菜肉末粥

适宜范围: 7个月以上的宝宝。

原料: 大米50克,新鲜的绿叶蔬菜(油菜、菠菜、大白菜等,只取嫩叶)20克,猪瘦肉(或鸡肉)20克,高汤适量。

制作方法:

1. 将大米淘洗干净,放到冷水里泡1~2小时;将蔬菜叶洗干净,放入开水锅内煮软,切碎备用。

2. 将猪瘦肉洗干净,用刀在案板上剁成细泥。

3. 锅内加高汤,加入泡好的大米,先用大火烧开,再用小火熬煮30分钟。

4. 把准备好的蔬菜末和肉末加到煮好的粥里,再煮5分钟左右,边煮边搅拌,最后加一点盐调味即可。

营养师告诉你

青菜肉末粥含有丰富的营养,能为宝宝提供大量的糖类,满足宝宝生长发育和活动的需要,还能帮宝宝补充维生素和铁质。

超级啰唆

中途不要再加凉水,水一次加足。

炒肉末

适宜范围：8个月以上的宝宝。

原料：猪瘦肉50克，植物油少许，水淀粉适量，料酒少许。

制作方法：

1.将猪瘦肉洗干净，用刀在案板上剁成细泥。

2.加入少许料酒调味。加入水淀粉，用手抓匀，放置1～2分钟。

3.锅里加少量的植物油，待油八成热时放入肉末煸炒片刻。

4.加入少量清水，小火焖5分钟，闻到肉香后熄火即可。

营养师告诉你

猪瘦肉含有丰富的营养，并能帮宝宝补铁。

超级啰唆

不要省略了加水淀粉这个程序。这样做出来的肉末才比较滑嫩，宝宝会比较喜欢吃。

鱼泥青菜粥

适宜范围：7个月以上的宝宝。

原料：大米50克，新鲜菠菜叶30克，新鲜鱼肉20克（鲫鱼、草鱼等淡水鱼），高汤少许，清水适量。

制作方法：

1.将大米淘洗干净，放到冷水里泡1～2小时。

2.将菠菜洗净切碎，放到煮沸的开水里煮2分钟左右，捞出后用小勺在干净的不锈钢滤网上研磨，挤出菜泥。

3.鱼肉蒸熟后，用干净的筷子挑去鱼皮、拣净鱼刺，用小勺压成泥状。

4.锅内加水，加入泡好的大米，先用大火烧开，再用小火熬煮半小时。

5.加入高汤，加入准备好的菠菜泥和鱼泥，小火边煮边搅拌，5分钟即可。

营养师告诉你

鱼肉的蛋白质含量很丰富，其中人体必需氨基酸的量和比例都很接近人体的需要，是人类摄入蛋白质的好来源。鱼肉中还含有钙、铁、磷等矿物质，能够为宝宝补充这一时期的所需矿物质，预防缺铁性贫血、佝偻病等疾病。

超级啰唆

1.制作鱼泥时必须把鱼刺挑干净，并去掉鱼皮。

2.菠菜叶必须先焯水，才能进行下一步操作。

红嘴绿鹦哥丝面

适宜范围： 7个月以上的宝宝。

原料： 新鲜西红柿半个（20克左右），新鲜菠菜叶10克，豆腐10克，高汤100克，龙须面1小把（20克左右）。

制作方法：

1. 将西红柿洗净，用开水烫一下，去掉皮，切成碎末备用。将菠菜叶洗净，放到开水锅里焯2分钟，切成碎末备用。

2. 将豆腐用开水焯一下，切成小块，用小勺捣成泥。

3. 锅内加入高汤，下入面条，煮至面条熟烂。

4. 倒入准备好的豆腐泥、西红柿和菠菜，烧开5分钟即可。

营养师告诉你

操作简单，口味鲜美，还含有丰富的蛋白质、维生素、钙和铁，能为宝宝提供充足的营养。

超级啰唆

菠菜一定要先用水焯过，否则菠菜中的草酸容易和豆腐里的钙结合生成草酸钙，不利于宝宝补充钙质，还容易形成结石。

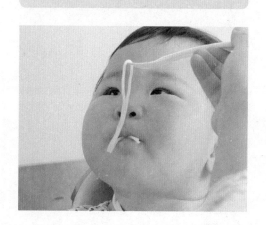

菜花泥

适宜范围： 7个月以上的宝宝。

原料： 菜花1小朵（20克左右），凉开水或酸奶1/2勺（20克左右）。

制作方法：

1. 将菜花洗净，切碎，放到锅里煮软。

2. 把煮好的菜花放到干净的不锈钢滤网上，用小勺挤成泥。

3. 加适量的凉开水或酸奶调匀即可。

营养师告诉你

菜花中含有丰富的维生素C、维生素K、胡萝卜素、硒等多种具有生物活性的物质，可以帮宝宝提高免疫力和抗病能力，预防感冒和维生素C缺乏病的发生，特别适合由于从妈妈那里得到的抗体剩得很少、免疫力低下的宝宝食用。

超级啰唆

由于菜花可吃的部分是暴露在外面的，不但很容易生虫，还经常含有残留农药。吃之前，一定要用盐水先泡10~15分钟，并用大量的清水进行冲洗，去掉菜虫和农药残留后才能吃。

什锦猪肉菜末

适宜范围： 7个月以上的宝宝。

原料： 猪瘦肉15克，胡萝卜、青柿子椒、红柿子椒各25克，盐少许，高汤适量。

制作方法：

1.将猪瘦肉洗净，剁成细泥。胡萝卜、青红柿子椒分别洗净，切成碎末备用。

2.锅内加入高汤，把肉末和准备好的胡萝卜末、柿子椒末放入煮软。

3.加入一点点盐，使其有淡淡的咸味即可。

什锦豆腐糊

适宜范围： 7个月以上的宝宝。

原料： 嫩豆腐1/6块（20克左右），胡萝卜1/4个（30克左右），新鲜鸡蛋1个，肉末、肉汤各1大匙（50克左右），白糖少许，清水适量。

制作方法：

1.将胡萝卜洗净，去掉硬芯，放到锅里加水煮软，切成碎末备用。

2.将豆腐放到开水锅里焯一下，捞出来沥干水，切成碎末。

3.把鸡蛋洗干净，打到碗里，用筷子搅散。

4.锅内加肉汤，把豆腐末、胡萝卜、肉末、盐、白糖下进去煮至浓稠，加入调匀的鸡蛋，用小火煮熟即可。

双色蛋

适宜范围：7个月以上的宝宝。

原料：新鲜鸡蛋1个（约60克），胡萝卜1/10个（20克左右）。

制作方法：

1.将胡萝卜洗净，去掉硬芯，切成小块，放到锅里煮熟，用小勺捣成胡萝卜泥。

2.将鸡蛋洗净煮熟，剥去外皮，把蛋黄、蛋白分开研成泥。

3.将蛋白、蛋黄装入一个小碗里，蛋黄放在蛋白上面，放到蒸锅里，中火蒸7～8分钟。

4.浇上胡萝卜泥，搅拌均匀即可。

营养师告诉你

胡萝卜含有丰富的胡萝卜素，还富含糖类、B族维生素、维生素C、纤维素和多种矿物质，鸡蛋含有丰富的蛋白质和铁，可以满足宝宝的营养需要。

超级啰唆

蛋白、蛋黄一定要上火蒸熟，否则容易过敏。

什锦鸡蛋羹

适宜范围：8个月以上的宝宝。

原料：新鲜鸡蛋1个（约60克），海米末3克，新鲜西红柿1/4个（番茄酱也可以，15克左右），菠菜末12克，香油3～5滴，温开水100克，水淀粉适量，清水适量。

制作方法：

1.将鸡蛋洗干净打到碗里，加100克凉开水搅匀；西红柿洗干净，切成碎末待用。

2.将准备好的鸡蛋放入蒸锅里蒸15分钟。

3.另起锅，加入200毫升清水，用大火烧开，加入海米末、菠菜末、番茄末（酱）和少量的盐，煮至菜末熟烂。

4.用水淀粉勾芡，淋上香油，浇到蒸好的鸡蛋羹上，搅拌均匀即可。

营养师告诉你

鸡蛋羹营养丰富，能使宝宝获得全面而合理的营养素，促进宝宝各器官的生长发育。

超级啰唆

1.调蛋液的时候要加凉开水，不能加生水。

2.水淀粉调得稀一点，勾的芡不能太稠。

9～10个月：
换乳后期，添加粥、面条、海鲜、小片水果

宝宝的身体发育

▶▶▶ 9个月的宝宝

进入第9个月，宝宝已经不再满足于会爬，而是开始站起来学习走路，进入了人生中的第二次转折期。

在这个月里，宝宝已经能够独立地坐一会儿，向前倾斜的时候也不那么容易摔倒了。但是长时间地保持平衡对宝宝来说还是有些难度，所以宝宝坐的时间不会太长，大概在10分钟左右就要换一种姿势。不管是爬着走还是由妈妈拉着双手走，宝宝的动作都已经比较熟练了。

9个月的宝宝想了解一种东西的时候，不再把它放进自己的嘴里，而是通过用手去探索它。宝宝能用拇指、食指夹住比较小的东西（如纽扣），会从抽屉里取出玩具，还能用手指准确无误地把小块的食物送到自己的嘴里，并学会了用手指指东西。有时候，宝宝还会用两手各拿一件东西，互相撞着取乐。

在第9个月里，宝宝的视觉和听力发展也有了很大的进步。当玩具从宝宝能看得见的地方掉到地上，或别人把宝宝视线范围内的玩具拿走的时候，宝宝能转过头到处找，还能长时间地看着玩具掉下去的地方。听到声音的时候，宝宝开始学会倾听，而不是立即去寻找声音的来源。虽然还不会说话，宝宝已经会连续地发不同的音，并会用不同的声调模仿大人们的发音。

第9个月宝宝的体重会增加400~500克，到月末体重会达到7000~9000克。身高将增长1.5厘米左右，到月末身高可达到68~72厘米。头围到月末将达到42.5~44.5厘米。

到这个月，一般宝宝会萌出3~5颗乳牙（门齿），也有的宝宝出牙迟缓，一颗都没有。

▶▶▶ 10个月的宝宝

10个月的宝宝稍微扶点东西就能站立，同时他也开始尝试着迈步了。这时宝宝还学会了在穿裤子时伸腿，用脚蹬去鞋袜，并能熟练地用拇指和食指配合捡起地上的小东西。在这个时候，勺子对宝宝有特殊的意义：不仅可以作为敲鼓的鼓槌，还是宝宝学习自己往嘴里送食物的好帮手。

宝宝认识的物品也渐渐地多了起来，能根据名称指出相应的物品，并喜欢玩藏东西的游戏。发现了新的玩具，宝宝会不停地摆弄，表现出强烈的好奇心。

进入第10个月，宝宝能有意识地发出单字的音，有意识地叫爸爸妈妈，还会模仿某些声音和动作。如果大人表扬或是批评他（她），宝宝已经懂得了这两者之间的区别。这时候的宝宝已经懂得了"欢迎"和"再见"的意思，并能用相应的动作来进行表示。

在第10个月里，宝宝经常能自得其乐地独自坐着玩一会儿。宝宝可以觉察到妈妈和他是两个分离的个体，能在镜子里分辨出妈妈和自己形象的不同。当妈妈不安或沮丧时，宝宝也会受到影响，变得不高兴；当妈妈快乐时，宝宝也会变得很兴奋。如果看到别的宝宝在哭，宝宝会尝试去安慰他（她）。但是当别的宝宝想分享他（她）的玩具时，宝宝会表现出明显的占有欲。

在这个月里，宝宝的体重将增长200克左右，到月末体重将达到7700~9500克。身高增长约1.5厘米左右，到月末身高将达到69~75厘米。 头围会增长0.35厘米左右，到月末头围将达到43~45厘米。

阶段喂养方案

▶ 实行换奶

满8个月的宝宝，即使母乳充足，母乳喂养的宝宝也应该开始换奶，通过添加多种代乳食品来逐渐促使宝宝完成由吃母乳为主向吃辅食为主的转换。用牛奶喂养的宝宝在每天保持500～600毫升奶量的基础上，也要增加其他的代乳食品，使宝宝逐渐减轻对乳类食品的依赖性。

随着乳类食品的减少，宝宝的饮食要更加注重种类的丰富和营养的搭配，并要注意勿让宝宝偏食。每周可以加一种新的肉类食物。主食可以是大米、面粉和其他谷物，每天约100克，副食可以是鱼、瘦肉、肝类、蛋类、虾皮、豆制品及各种蔬菜。这时的宝宝已经可以吃海鲜，但是要注意循序渐进，一次不要添加得太多。

▶▶▶ 增加辅食种类

这时候可以适当地为宝宝增加辅食的种类和数量，辅食的性质还以软嫩、半固体为好。有的宝宝不喜欢吃粥，而对成人吃的米饭感兴趣，也可以让宝宝尝试着吃一些软烂的米饭。这时候宝宝大部分已经长出乳牙，咀嚼能力也大大增强，妈妈可以把苹果、梨、水蜜桃等水果切成薄片，让宝宝拿着吃。像香蕉、葡萄等质地比较软的水果可以整个让宝宝拿着吃。

鱼、肉每天50～75克，可以做成泥，也可以做成碎肉末；鸡蛋每天1个，蒸、炖、煮、炒都可以；豆制品每天25克左右，以豆腐和豆干为主。

制作方法可以更加复杂化。如果食物色、香、味俱全，能大大地激起宝宝的食欲，并增强宝宝的消化吸收功能。但是太甜、太咸、太油腻、刺激性较强的食物和坚果类的食物还是不要给宝宝吃，也不要在给宝宝制作的辅食里面添加调味品（尤其是味精）。

进食次数可以固定在一天4～5餐。早餐一定要保证质量，午餐则可以清淡些。上午可以给宝宝一些香蕉、苹果片、鸭梨片等水果当点心吃，下午可以加一点饼干和糖水。

▶▶▶ 本阶段可添加的食物

代乳食品： 主要有配方奶、鲜牛奶、鲜羊奶、豆浆、豆粉、奶糕等。牛奶、羊奶是传统的代乳品，也是最常见的代乳品。但有的宝宝喝牛奶容易上火，在添加的时候需要给宝宝多喝白开水。羊奶里含的蛋白质和脂肪都比牛奶多，还容易被宝宝消化、吸收，唯一的缺点是维生素B$_{12}$和叶酸少，容易引起营养性巨幼红细胞性贫血，长期吃需要另外补充维生素B$_{12}$及叶酸，以预防贫血。在没有牛羊奶或对牛羊奶过敏的情况下，豆浆或豆粉也是一种代乳品。但是豆浆（粉）里的蛋白质不容易消化，脂肪、钙和磷的含量也比较低，难以满足宝宝的营养需求。奶糕的主要成分是淀粉，蛋白质含量低，也不能长期作为宝宝的主食。从满足宝宝的营养需求的角度看，添加了各种强化营养素的配方奶才是母乳的最佳替代品。但配方奶有一个不足，就是价格比较高，一般的家庭难以承受。

淀粉及糊类食品：包括米粉、麦粉、米糊、芝麻糊等用各种谷物制成的糊类食品，不但可以为宝宝提供能量，还能锻炼宝宝的吞咽能力。

粥：用各种谷物为主料，加上肉、蛋、水果、蔬菜等配料熬成的粥，可以为宝宝提供各方面的营养。

面食：包括软面条、软面包、小块的馒头等，可以锻炼宝宝的咀嚼能力。

豆制品：主要是豆腐和豆干，可以帮宝宝补充蛋白质和钙。

肉类食品：鸡肉、鸭肉、猪肉、牛肉、羊肉等各种家禽和家畜的肉，可以做成肉泥和肉末给宝宝吃。

水产品、海鲜：包括鱼、虾及各种海产品，但是要根据宝宝的情况从少量开始添加。有的宝宝属于过敏性体质，就不要添加，免得对宝宝不利。

蛋类食品：可以吃用蒸、煮、炒、炖等各种做法做出来的鸡蛋或其他禽类的蛋。但是量不要太多，鸡蛋最好一天别超过1个。

肝：可以做成泥，也可以做成末。鸡肝是首选。

动物血：鸡血、鸭血、猪血都可以，含有丰富的铁质，可以帮宝宝预防贫血。

水果和蔬菜：除了葱、蒜、姜、香菜、洋葱等味道浓烈、刺激性比较大的蔬菜外，各种蔬菜都可以弄碎后给宝宝吃。水果可以切成小片，让宝宝直接用手拿着吃。

汤汁类食物：各种果汁和菜汁可以继续给宝宝吃。此外，还可以煮一些蔬菜汤、鱼汤、肉汤给宝宝补充营养。

　　鱼松和肉松：含有丰富的蛋白质、脂肪和很高的热量，可以给宝宝补充营养。但是要注意不要吃得太多，因为市面上出售的鱼松、肉松里大多加了糖，而吃糖太多对宝宝的生长发育不利。

　　磨牙食品：像烤馒头片、面包干、婴儿饼干等，可以帮宝宝锻炼牙床，促进乳牙的萌出。

宝宝一日营养计划

▶▶▶ 9个月的宝宝

主要食物	母乳或配方奶
辅助食物	白开水、鱼肝油（维生素A、维生素D比例为3：1）、水果汁、菜汁、菜汤、肉汤、米粉（糊）、菜泥、水果、肉末（松）、碎菜末、稠粥、软面条、肝泥、动物血、豆腐、蒸全蛋、磨牙食品
餐次	每4～5小时1次
上午	6时喂母乳10～20分钟，或牛奶，或配方奶150～180毫升
	8时喂粥一小碗（加肉松、菜泥、菜末等2～3小勺）
	10时喂温开水或菜汁100～120毫升，水果1～3片
	12时喂蒸鸡蛋1个（约60克），饼干2块（约20克）
下午	14时喂母乳10～20分钟，或牛奶，或配方奶150～200毫升。米粉一小碗
	16时喂碎菜末，或豆腐，或动物血30克～60克
	18时喂烂面条或稠粥一小碗，肝末或肉末，或碎菜末30～50克，肉汤50～100毫升
夜间	20时喂温开水，或水果汁，或菜汁100～120毫升。磨牙食品若干。水果1～3片
	22时喂母乳10～20分钟，或牛奶，或配方奶150～180毫升

注：鱼肝油每日1次，每次400单位

▶▶▶ 10个月的宝宝

主要食物	母乳或配方奶		
辅助食物	白开水、鱼肝油（维生素A、维生素D比例为3:1）、水果汁、菜汁、菜汤、肉汤、米粉（糊）、菜泥、水果、肉末（松）、碎菜末、稠粥、软面条、肝泥、动物血、豆腐、蒸全蛋、磨牙食品、小点心（自制蛋糕等）		
餐次	母乳或配方奶2次，辅食3次		
上午	6时喂母乳10～20分钟，或牛奶，或配方奶200毫升		
	8时喂粥一小碗（加肉松、菜泥、菜末等2～3小勺），饼干2块或馒头一小块		
	10时喂菜汤或肉汤100～120毫升，水果1～3片。磨牙食品或小点心若干		
	12时喂鸡蛋1个，碎肉末或碎菜末，或豆腐，或动物血30～60克		
下午	14时喂米粉一小碗，菜泥或果泥30克		
	16时喂水果1～3片。磨牙食品或小点心若干		
	18时喂烂面条或稠粥一小碗，豆腐或动物血，或肝末，或肉末，或碎菜末30～50克，肉汤50～100毫升		
夜间	20时喂温开水或水果汁或菜汁100～120毫升。磨牙食品或小点心若干。水果1～3片		
	22时喂母乳10～20分钟，或牛奶，或配方奶180～200毫升		

注：鱼肝油每日1次，每次400单位

巧手妈妈动手做

营养蛋花粥

适宜范围：9个月以上的宝宝。

原料：大米100克，新鲜鸡蛋1个（约60克），温开水少许（10克左右），清水适量。

制作方法：

1.将大米淘洗干净，先用冷水泡2个小时左右。

2.将鸡蛋洗净，打到碗里，加入温开水，用筷子沿一个方向均匀地搅2分钟左右，打到表面起小泡为止。

3.锅内加水，放入大米煮成稠粥，再将打好的蛋液转着圈倒入粥里，用勺子搅拌均匀开锅即可。

营养师告诉你

蛋花粥口感软滑，营养丰富，可以帮助宝宝补充蛋白质、铁、维生素A、维生素B_2、维生素B_6、维生素D、维生素E等营养成分，对宝宝的生长发育很有好处。

南瓜红薯玉米粥

适宜范围：9个月以上的宝宝。

原料：新鲜红薯1小块（20克左右），南瓜1小块（30克左右），玉米面50克，清水适量。

制作方法：

1.将红薯、南瓜去皮洗净，先切成小块，再剁成碎末。或放到榨汁机里打成糊（需要少加一点凉开水）。

2.将玉米面用适量的冷水调成稀糊。

3.锅里加水烧开，先放入备好的红薯和南瓜煮5分钟左右，再倒入玉米糊，煮至黏稠即可。

营养师告诉你

南瓜含有充分的热量、水分、蛋白质、糖、纤维素、钙、磷、铁和维生素A、维生素B_1、维生素B_2、维生素C等营养物质，有补中益气、清热解毒的功效。红薯含有丰富的糖类、胡萝卜素、纤维素、维生素以及钾、铁、铜、硒、钙等10余种微量元素和亚油酸等营养物质，特别是含有丰富的赖氨酸，能弥补大米、面粉中赖氨酸的不足。

超级啰唆

一定要把红薯煮透，否则红薯里的"气化酶"不经高温破坏，容易使宝宝产生腹胀感。

牛肉蔬菜燕麦粥

适宜范围：9个月以上的宝宝。

原料：新鲜牛肉（瘦）50克，新鲜西红柿半个（60克），大米50克，快煮燕麦片30克左右，新鲜油菜20克，清水适量。

制作方法：

1.将大米淘洗干净，先用冷水泡2个小时左右；燕麦片与半杯冷水混合，泡3小时左右。

2.将牛肉洗干净，用刀剁成极细的茸，或用料理机绞成肉泥，待用。

3.将油菜洗干净，放入开水锅中汆烫一下，捞出来沥干水，切成碎末备用；西红柿洗干净，用开水烫一下，去掉皮和籽，切成碎末备用。

4.锅内加水，加入泡好的大米、燕麦和牛肉，先煮30分钟。加入油菜末和西红柿末，边煮边搅拌，再煮5分钟左右即可。

营养师告诉你

　　燕麦含有大量的优质蛋白质，并富含宝宝生长发育的8种必需氨基酸、脂肪、铁、锌、维生素等营养物质，其中B族维生素的含量居各种谷类食物之首。牛肉里含有大量的铁，西红柿和油菜含有丰富的维生素，能够为宝宝补充足够的营养，促进宝宝的健康成长。

超级啰唆

　　1.最好在一天内吃完。

　　2.过敏体质的宝宝添加的时候要谨慎，注意从少量开始，并密切观察有没有过敏反应。

猪血菜肉粥

适宜范围：9个月以上的宝宝。

原料：米粉3勺（30克左右），新鲜猪血20克，猪瘦肉20克，嫩油菜叶5克，温开水适量。

制作方法：

1.将猪瘦肉洗净，用刀剁成极细的茸；猪血洗净，切成碎末备用；油菜洗干净，放入开水锅里汆烫一下，捞出来剁成碎末。

2.将米粉用温开水调成糊状，倒入肉末、猪血、油菜末搅拌均匀。

3.把所有材料一起倒入锅里，再加入少量的清水，边煮边搅拌，用大火煮10分钟左右，即可。

营养师告诉你

　　既能帮宝宝补铁，又可以为宝宝提供丰富的蛋白质、能量和维生素。

超级啰唆

　　由于粥里加了猪血，宝宝可能会有黑色柏油状的大便，这是由于猪血中的铁不能被全部吸收，在胃酸作用下变为黑色的缘故，这是很正常的现象，不必担心。

虾仁金针菇面

适宜范围：9个月以上的宝宝。

原料：龙须面一小把，新鲜金针菇20克，虾仁20克，新鲜菠菜50克，植物油少许，香油5滴，高汤适量，料酒少许。

制作方法：

1.将虾仁洗干净，煮熟，剁成碎末，加入料酒腌15分钟左右。

2.将菠菜洗干净，放入开水锅中焯2～3分钟，捞出来沥干水，切成碎末备用。

3.将金针菇洗干净，放入开水锅中汆一下，切成1厘米左右的小段备用。

4.锅内加入植物油，待油八成热时，下入金针菇，翻炒片刻。

5.加入高汤（如果没有高汤也可以加清水），放入虾仁，煮开，下入准备好的龙须面，煮至汤稠面软，下入碎菠菜，滴入几滴香油调味，即可出锅。

营养师告诉你

汤汁鲜香，面条软烂，还可以为宝宝补充丰富的蛋白质、钙、铁、锌等营养物质，除了促进宝宝的生长发育，还对增强宝宝的智力有良好的作用。

超级啰唆

金针菇煸炒的时间不要太长，否则会使菇体收缩紧实，失去脆嫩的口感。

西红柿鸡蛋什锦面

适宜范围：9个月以上的宝宝。

原料：新鲜鸡蛋1个，儿童营养面条50克，西红柿半个（20克），干黄花菜5克，花生油10克，清水适量。

制作方法：

1.将黄花菜用温水泡软，择洗干净，切成3厘米长的小段；西红柿洗净，用开水烫一下，剥去皮，去掉子，切成碎末备用；鸡蛋洗净，打到碗里，用筷子搅散。

2.锅内加入植物油，烧到八成热，下入黄花菜，稍微炒一下。

3.加入适量的清水，煮开，下入面条煮软。

4.加入西红柿末，淋上打散的蛋液，煮至鸡蛋熟时熄火即可。

营养师告诉你

黄花菜含有丰富的花粉、糖类、蛋白质、维生素C、钙、脂肪、胡萝卜素、氨基酸等人体所必需的养分，特别是含有丰富的磷脂酰胆碱，具有比较好的健脑功效。西红柿含有维生素A、维生素C、维生素PP等多种维生素及钙、磷、铁等矿物质，是宝宝补充维生素和钙的理想食物。

超级啰唆

黄花菜最好用清水多浸泡一会儿，并多淘洗几次，这样才能彻底去掉残留在黄花菜上的二氧化硫等有害物质，使宝宝的健康多一些保障。

香菇火腿蒸鳕鱼

适宜范围：9个月以上的宝宝。

原料：鳕鱼肉100克，火腿10克，香菇2朵（干、鲜均可），盐少许，料酒适量。

制作方法：

1. 将香菇用35℃左右的温水泡1个小时左右，淘洗干净泥沙，再除去菌柄，切成细丝（新鲜香菇直接洗干净除去菌柄即可）。

2. 将火腿切成细丝备用；鳕鱼肉洗干净备用。

3. 把盐和料酒放到一个小碗里调匀。

4. 取一个可以耐高温的盘子，将鳕鱼块放进去，在鳕鱼的表面铺上一层香菇丝和火腿丝，放到开水锅里用大火蒸8分钟左右。也可以使用微波炉来蒸，用高火蒸3分钟左右。

5. 倒入调好的汁，再用大火蒸4分钟。（微波炉用高火蒸1分钟）。取出后去掉鱼刺即可。

营养师告诉你

此款菜口感软嫩，味道鲜香，营养丰富，肯定受宝宝的欢迎。

超级啰唆

1. 盐不要加得太早，否则会使鱼肉的水分流失过多，肉质变老，影响口感。

2. 最好选肥瘦各一半的火腿，这样火腿中的油加热后会溶解在鱼肉里，使鱼肉口感软嫩，还可以增加香味。

3. 吃的时候注意挑干净鱼刺。

虾肉泥

适宜范围：9个月以上的宝宝。

原料：新鲜虾肉（河虾、海虾均可）50克，香油1克，清水适量。

制作方法：

1. 将虾肉洗干净，放到碗里，加上少量的水，放到蒸锅里蒸熟。

2. 将虾肉捣碎，加入香油，搅拌均匀即可。

营养师告诉你

虾肉肉质松软，含有丰富的蛋白质、钙、磷、镁等营养物质，且易消化，对宝宝来说是极好的补益食品。

超级啰唆

1. 买虾的时候，要挑选虾体完整、头部与身体连接紧密、甲壳密集、外壳清晰鲜明、肌肉紧实、身体有弹性的，这样的虾是新鲜的。如果虾的颜色发红、肉质疏松，闻起来有腥味，就是不新鲜的虾，最好不要吃。

2. 洗虾的时候，注意把虾背上的虾线挑出去。

肉末西红柿

适宜范围：9个月以上的宝宝。

原料：新鲜西红柿40克，猪瘦肉25克，植物油10克，嫩油菜叶10克，料酒适量。

制作方法：

1.将猪肉洗净，剁成碎末，用料酒腌10分钟左右。

2.将西红柿洗净，用开水烫一下，剥去皮，除去子，切成碎末备用。

3.将油菜叶洗净，放到开水锅里汆烫一下，捞出来切成碎末。

4.锅内加入植物油，烧至八成热，下入肉末炒散，加入西红柿翻炒几下，再加入油菜，用大火翻炒均匀即可。

营养师告诉你

猪肉富含蛋白质、脂肪、糖类、维生素、尼克酸及钙、磷、铁等营养素，

具有滋养肝血、滋阴润燥的作用；西红柿和油菜富含维生素，维生素C的含量尤其高，具有清热解毒、平肝生津、健胃消食的作用。这三种食材互相搭配，使菜的营养价值更高更全面，可以更好地为宝宝的生长发育提供帮助。

超级啰唆

不要和羊肝、鱼肉、百合、杏仁等食物一起吃。

虾仁炒蛋

适宜范围：9个月以上的宝宝。

原料：新鲜鸡蛋1个（约60克），新鲜虾仁20克，橄榄油10克。

制作方法：

1.将鸡蛋洗干净，打入碗中，用筷子搅散。

2.将虾仁洗干净，拍碎，剁成细末。

3.在蛋液中加入虾仁，调匀。

4.将橄榄油加入锅中烧至五成热，倒入蛋液，炒散即可。

营养师告诉你

含有蛋白质和钙、磷、铁等矿物质，营养丰富，味道鲜美。

超级啰唆

服用大量维生素C的时候不要吃，否则维生素C可能和虾仁起反应，生成三价砷，使宝宝中毒。

双蛋黄豆腐

适宜范围：9个月以上的宝宝。

原料：新鲜鸡蛋1个，咸鸭蛋1个，嫩豆腐100克，香油3～5滴。

制作方法：

1. 将鸡蛋和咸鸭蛋洗干净，放入蒸锅中，加入适量清水（以没过鸡蛋和鸭蛋为度），在上面覆上蒸架。

2. 将豆腐放入一个小碗里，捣成泥，加上盐拌匀。

3. 蒸锅加热，待水开后放入豆腐，用大火蒸5分钟左右。

4. 将鸡蛋和咸鸭蛋取出来，剥去皮，取出蛋黄，分别用小勺研成泥。

5. 将蛋黄撒在豆腐上，淋上香油，搅拌均匀即可。

营养师告诉你

鸡蛋黄除了含丰富的卵黄磷蛋白，还含有脂肪、铁、磷、维生素A、维生素D、维生素E和B族维生素等营养物质，对促进宝宝的大脑和神经系统的发育、强壮体质及增强智力都有很大的好处。咸鸭蛋中含有蛋白质、磷脂、维生素A、维生素B_2、维生素B_1、维生素D、钙、钾、铁、磷等营养物质，铁和钙尤其丰富，对宝宝的骨骼发育有很好的促进作用，还有滋阴、除热的食疗功效。豆腐含有丰富的蛋白质和钙、脂肪、磷、铁、糖类等营养元素。三者结合，能为宝宝提供丰富的营养，对宝宝的健康成长具有很好的促进作用。

鸡肉蒸豆腐

适宜范围：9个月以上的宝宝。

原料：豆腐50克，鸡胸肉25克，新鲜鸡蛋1个（约60克），水淀粉5克，香油1克，料酒少许。

制作方法：

1. 将豆腐洗净，放入开水锅中煮1分钟左右，捞出来沥干水分，压成泥，摊入抹过香油的小盘内。

2. 将鸡蛋洗净，打到碗里，用筷子搅散。

3. 将鸡肉洗净，剁成细泥，放到碗里，加入鸡蛋、料酒及水淀粉，调至均匀有黏性，摊在豆腐上面。

4. 放到蒸锅里，用中火蒸12分钟，取出后搅拌均匀即可。

营养师告诉你

此款菜入口松软，味道鲜美，还具有丰富的营养。豆腐含有丰富的植物蛋白质，与鸡肉中的动物蛋白质相互补充，对宝宝的生长发育能起到很好的促进作用。

五彩冬瓜盅

适宜范围：9个月以上的宝宝。

原料：冬瓜1小块（50克左右），火腿10克，胡萝卜10克（不带硬芯），鲜蘑菇20克，冬笋嫩尖10克，鸡油5克，鸡汤适量。

制作方法：

1. 将冬瓜洗干净，去皮，切成1厘米见方的丁备用；胡萝卜洗干净，切成碎末备用。

2. 将蘑菇、冬笋洗干净，切成碎末备用；火腿切成碎末备用。

3. 将准备好的原料一起放到炖盅里，加上盐搅拌均匀，浇上鸡汤和鸡油，隔水炖至冬瓜酥烂即可。

营养师告诉你

冬瓜含有丰富的钾和维生素C；火腿含有丰富的蛋白质、脂肪、维生素和多种矿物质，经过长时间的发酵分解，各种营养成分更容易被人体吸收，特别适合宝宝吃。蘑菇除了含有丰富的蛋白质、维生素和微量元素外，还含有人体必需的8种氨基酸，对宝宝来说也是很好的营养食品。

超级啰唆

鲜蘑菇的表面有黏液，经常有泥沙粘在上面，很不容易清洗。这时可以在水里先放点食盐，待其溶解后，将蘑菇放在水里泡一会儿再洗，泥沙就很容易被洗掉。

鸡肉土豆泥

适宜范围：9个月以上的宝宝。

原料：土豆1小块（50克左右），鸡胸肉30克，鸡汤50克，牛奶20毫升（冲调好的配方奶也可以）。

制作方法：

1. 将鸡胸肉洗净，剁成肉末备用；土豆洗净，去皮后切成小块，蒸至熟软后用小勺压成泥。

2. 锅内加入鸡汤，加入土豆泥、鸡肉末煮至半熟。

3. 倒入一个稍大一点的碗里，用勺子把鸡肉研碎，再倒回锅里。

4. 加入牛奶（或配方奶），继续煮至黏稠即可。

营养师告诉你

土豆含有丰富的钾和镁，鸡肉含有丰富的蛋白质、维生素、尼克酸、铁、钙、磷、钠、钾等营养素，能为宝宝提供比较全面的营养，促进宝宝的生长发育。

猪肝汤

适宜范围：9个月以上的宝宝。

原料：新鲜猪肝30克，土豆半个（50克左右），嫩菠菜叶10克，高汤少许，清水适量。

制作方法：

1. 将猪肝洗干净，去掉筋、膜，放在砧板上，用刀或边缘锋利的不锈钢汤匙按同一方向以均衡的力量刮出肝泥和肉泥。

2. 土豆洗净，去皮后切成小块，蒸至熟软后用小勺压成泥。

3. 将菠菜放到开水锅中焯2～3分钟，捞出来沥干水，剁成碎末。

4. 锅里加入高汤和适量清水，加入猪肝泥和土豆泥，用小火煮15分钟左右，待汤汁变稠，把菠菜叶均匀地撒在锅里，熄火即可。

营养师告诉你

菠菜和猪肝都含有丰富的铁质，是宝宝补铁的必选食物；土豆含有丰富的钾和镁，是宝宝补充铁质和其他微量元素的理想选择。

11～12个月：
换乳完成期，完善宝宝的营养配餐

宝宝的身体发育

▶▶▶ 11个月的宝宝

第11个月的宝宝体重增长得很慢，身体却长高了，胸围也开始追上了头围，总体上给人的感觉是变苗条了。前囟门已闭合得非常小，几乎摸不出来，有些宝宝甚至已经完全闭合。

这个月，宝宝可能会出现突飞猛进的变化：也许，他（她）第一次正式地叫出了"妈妈"或"爸爸"；也许，他开始摇摇晃晃地迈步走路；也许，他（她）还会用笨拙的动作，试图去逗你开心……总之，任何让你觉得"宝宝长大了"的变化，随时都可能发生。

这个时候的宝宝已经可以自己扶着东西站起来，并能单独地站一会儿，因此，你可能发现宝宝不喜欢大人抱了，开始喜欢上了自己玩。由于腿部力量的增强，宝宝既可以从站姿蹲下，也可以从坐姿站起来（还不是很稳），还会在大人的帮助下试着迈步爬楼梯。随着手指肌肉的发展，宝宝拿东西的动作更加熟练，喜欢到处翻看，寻找自己喜欢的东西。这时候宝宝已经会翻质地比较硬的书页，会把自己看中的东西装到一个容器里然后再拿出来，还开始对盒子、瓶子的盖子感兴趣，并尝试着去打开它们。

这个时期的宝宝会觉得家里的东西比玩具

更有吸引力，因而好奇地到处探索，还会拿起笔在纸上乱画。如果问到宝宝熟悉的东西时，他（她）还会用手去指。

宝宝对语言的理解力也进一步提高，已经能按简短的命令行事，并会说"不"。听到大人们说话，宝宝会不断地去模仿，还会去学小狗或小猫的叫声。有时候宝宝会自言自语地说些话，那是他（她）在练习自己学到的声音和语言，最好不要去打断他（她）。

11个月的男宝宝体重平均9800克，女宝宝体重平均9300克。在身高方面，男宝宝平均75.5厘米，女宝宝平均74厘米。男宝宝的平均头围46.3厘米，也略大于女宝宝的平均头围45.3厘米。

一般到这个阶段，宝宝又会长出2～4颗乳牙，达到5～7颗。

▶▶▶ 12个月的宝宝

12个月是宝宝成长过程中的一个重要的里程碑。在这个月里，他们已经有了自己的想法、自己的爱好。虽然还没有学会说话，生活中的一切也都要依赖成人，却已经形成了自己独特的性格，日益成为一个独立的个体。

大部分的宝宝已经能够直立行走，站起、坐下、绕着家具走的动作更加熟练和敏捷。当宝宝站着时，他（她）还能弯下腰去捡东西，也会尝试着往一些比较低矮的家具上爬。尽管走不稳，宝宝对走路的兴趣却很浓。

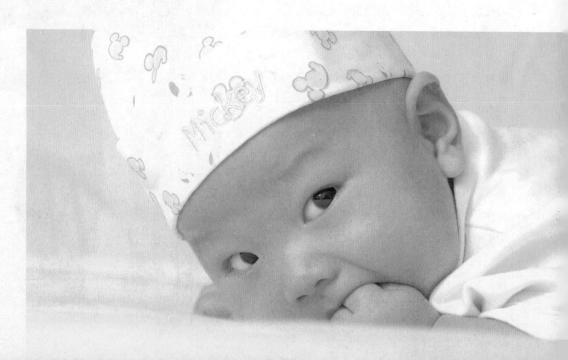

这时候的宝宝会自己用手拿着东西吃，但还用不好勺子。虽然如此，宝宝却已经开始厌烦妈妈喂饭，总想自己拿着勺子显一显身手。妈妈帮他（她）穿衣服的时候，宝宝知道伸胳膊、伸腿进行配合，还知道自己拿起袜子往脚上穿。

在语言方面，宝宝可以很清楚地说出一些2~3个音节的词，像"爸爸、妈妈、奶奶、娃娃"等，还会说"拿、给、打、抱"等单音词。如果大人向宝宝要他（她）手里的玩具或食物，宝宝能理解大人的意思，并会把大人想要的东西递出来。

这个月的宝宝还有一个特点，就是睡眠开始变得有规律起来。一般白天要睡2次，上午1次，下午1次，每天的睡眠时间是14~15个小时。

男宝宝的平均体重将达到9870克，一般不低于7790克。女宝宝的体重平均为9240克，一般不低于7180克。男宝宝的平均身高76.5厘米，女宝宝的平均身高75.1厘米。男宝宝的头围将达到46.4厘米（平均），女宝宝的头围也要达到45.45厘米（平均）。

到月末，一般宝宝的牙齿总量会增加至6~8颗。

阶段喂养方案

➤➤ 宝宝应完成换乳

到了第12个月，宝宝已经应该完成换乳，和大人一样形成一日三餐的饮食规律了。当然光靠3次正餐也是不够的，还需要在上午和下午给宝宝加2次点心，另外还要加2次配方奶或牛奶。"换乳"旨在断掉母乳，使宝宝的饮食由以乳类为主向以固体食物为主转变，而不是要断掉一切乳类食品。鉴于牛奶等乳制品能为人类提供丰富的优质蛋白质，营养价值很高，不但在婴儿期，即使长大以后，宝宝也应该适当地喝点牛奶（或是吃一些乳制品），实现"终生不换乳"的营养目标。随着乳量的减少，在添加辅食的时候更要注意合理搭配，为宝宝提供充足而均衡的营养。

➤➤ 增加食物硬度，锻炼宝宝咀嚼能力

经过前几个月的锻炼，宝宝的咀嚼能力得到了很大的提高，可以吃的东西也越来越多。这时候要多给宝宝添加一些固体食物，并可以增加一下食物的硬度，以继续帮助宝宝锻炼咀嚼动作，促进口腔肌肉的发育、牙齿的萌出、颌骨的正常发育与塑形及肠胃功能的提高，为以后吃各类成人食物打基础。

这时的宝宝可以吃的东西已经接近成人，但还不能吃成人的饭菜。像软饭、蔬菜、水果、小肉肠、碎肉、面条、馄饨、小饺子、小蛋糕、饼干、燕麦粥等食物，都可以喂给宝宝吃。

宝宝的主食可以从稠粥转为软饭，面条转为包子、饺子、馒头片等固体食物。水果和蔬菜不需要再剁碎或是研磨碎，只要切薄片或细丝就可以，肉或鱼可以切成小片给宝宝吃。水果类的食物可以稍硬一些，蔬菜、肉类、主食还是要软一些，具体软硬度可以用"肉丸子"为标准。

▶▶▶ 鼓励并锻炼宝宝自己吃饭

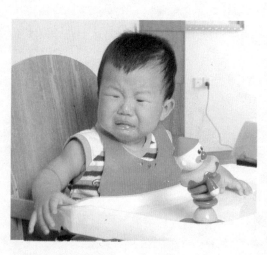

到了第12个月，有的宝宝已经会用勺子舀汤喝了，大多数的宝宝也已经开始尝试着自己吃饭。这时候最好开始训练宝宝自己用勺子吃饭。刚开始的时候也许会洒得到处都是，但是只要能把东西送到嘴里，就值得鼓励。

如果宝宝边吃边玩，不肯好好吃饭，妈妈可以把宝宝抱到自己的膝盖上，面向饭桌，用勺子把吃的东西送到宝宝的嘴里。这样能让宝宝更好地进餐。

▶▶▶ 本阶段可添加的食物

乳类食品：主要有配方奶、鲜牛奶、鲜羊奶等。虽然宝宝在这个阶段要完成换乳，这些乳制品还是不要断掉。毕竟，它们也是很重要的营养来源。

谷类食品：包括各种谷物制成的糊类食品、用各种谷物熬成的稠粥、蒸得很软的米饭等食物。不但为宝宝提供能量，还可以锻炼宝宝的吞咽能力。

面食：包括面条、馄饨、小包子、小饺子、小块的馒头等，可以锻炼宝宝的咀嚼能力。

水果和蔬菜：除了葱、蒜、姜、香菜、洋葱等味道浓烈、刺激性比较大的蔬菜以外，各种时令蔬菜和各种当季的新鲜水果都可以给宝宝吃。蔬菜可以切成丝或小片，不用弄得很碎；水果可以切成小片，让宝宝直接用手拿着吃。

豆制品： 主要是豆腐和豆干，可以帮宝宝补充蛋白质和钙。

肉类食品： 鸡肉、鸭肉、猪肉、牛肉、羊肉等各种家禽和家畜肉，可以做成肉泥和肉末给宝宝吃。

蛋类食品： 用蒸、煮、炒、炖等各种做法做出来的鸡蛋或其他禽类蛋。

动物肝脏： 可以做成泥，也可以做成末。

动物血： 鸡血、鸭血、猪血都可以，均含有丰富的铁质，可以帮宝宝预防贫血。

水产品及海鲜： 鱼、虾及各种海产品都可以给宝宝吃，但是要注意宝宝有无过敏反应。过敏性体质的宝宝在吃海鲜时尤其要谨慎。

汤汁类食物： 各种果汁、菜汁、菜汤、鱼汤、肉汤都可以吃。

磨牙食品： 烤馒头片、面包干、婴儿饼干等有一定硬度的食物，可以帮宝宝锻炼牙床，促进乳牙的萌出。

小点心： 软面包、自制的蛋糕等，可以在两餐之间给宝宝当零食吃。

宝宝一日营养计划

▶▶▶ 11个月的宝宝

主要食物	粥、面条（面片）、软饭
辅助食物	母乳或配方奶、白开水、鱼肝油（维生素A、维生素D比例为3：1）、水果汁、菜汁、菜汤、肉汤、米粉（糊）、菜泥、水果、肉末（松）、碎菜末、稠肝泥、动物血、豆制品、蒸全蛋、磨牙食品、小点心（自制蛋糕等）
餐次	母乳或配方奶2次，辅食3次
上午	6时喂母乳10～20分钟，或牛奶或配方奶200毫升
	8时喂磨牙食品或小点心若干。菜汤或肉汤100～120毫升，水果1～3片
	10时喂粥一小碗（加肉松、菜泥、菜末等2～3小勺），鸡蛋半个，饼干2块或馒头一小块
	12时喂碎肉末，或碎菜末，或豆制品，或动物血，或肝30～60克
下午	14时喂软饭一小碗，碎肉末，或碎菜末，或豆制品，或动物血，或肝30～60克。鸡蛋半个
	16时喂磨牙食品或小点心若干。水果1～3片。温开水，或水果汁，或菜汁100～120毫升
	18时喂面条或面片一小碗，豆制品，或动物血，或肝末，或肉末，或碎菜末30～50克，肉汤50～100毫升
夜间	20时喂磨牙食品或小点心若干。温开水，或水果汁，或菜汁100～120毫升
	22时喂母乳10～20分钟，或牛奶，或配方奶200毫升

注：鱼肝油每日1次，每次400单位

>>> 12个月的宝宝

主要食物	粥、面食（面条、面片、包子、饺子、馄饨等）、软饭
辅助食物	母乳或配方奶、白开水、鱼肝油（维生素A、维生素D比例为3：1）、水果汁、菜汁、菜汤、肉汤、米粉（糊）、磨牙食品、菜泥、水果、肉末（松）、碎菜末、肝泥、动物血、豆制品、蒸全蛋、馒头、面包、小点心（自制蛋糕等）
餐次	母乳或配方奶2次，辅食3次
上午	6时喂母乳10～20分钟，或牛奶，或配方奶200毫升。菜泥30克
	8时喂磨牙食品或小点心若干。菜汤或肉汤100～120毫升，水果1～3片
	10时喂软饭一小碗（加肉松、菜泥、菜末等），鸡蛋半个，饼干2块或馒头一小块
	12时喂碎肉末，或碎菜末，或豆腐，或动物血，或肝30～60克。温开水或水果汁或菜汁100～120毫升
下午	14时喂软饭一小碗，碎肉末，或碎菜末，或豆腐，或动物血，或肝30～60克。鸡蛋半个
	16时喂磨牙食品或小点心若干。水果1～3片。温开水，或水果汁，或菜汁100～120毫升
	18时喂面条一小碗，或小饺子3～5个，或小馄饨5～7个；豆腐，或动物血，或肝末，或肉末，或碎菜末30～50克，肉汤50～100毫升
夜间	20时喂馒头或蛋糕或面包一小块，磨牙食品若干。温开水，或水果汁，或菜汁100～120毫升
	22时喂母乳10～20分钟/牛奶，或配方奶200毫升

注：鱼肝油每日1次，每次400单位

巧手妈妈动手做

肉松软米饭

适宜范围： 11个月以上的宝宝。

原料： 大米75克，鸡胸肉20克，胡萝卜20克，植物油适量，清水适量。

制作方法：

1. 将大米淘洗干净，加入150毫升水，放入锅中焖成比较软的米饭。

2. 将鸡胸肉洗净，剁成极细的末，然后放到锅里蒸熟。

3. 炒锅烧热，不加油，把鸡肉倒到锅里炒干，再放到搅拌机里打成鸡肉松。

4. 把制好的鸡肉松放在米饭上，加入少量的水，用小火再焖3～5分钟。

5. 盛到小碗里，把胡萝卜切成花形，放在碗边上作装饰即可。

营养师告诉你

鸡肉鲜香，米饭软烂，既能锻炼宝宝的咀嚼能力，又能为宝宝补充营养，促进宝宝的生长发育。

 超级啰唆

鸡肉一定要烂，米饭一定要熟。

豌豆肉丁软饭

适宜范围： 11个月以上的宝宝。

原料： 糯米50克，猪五花肉20克，新鲜豌豆20克，植物油10克，清水适量。

制作方法：

1. 将糯米淘洗干净，用冷水泡2个小时左右。

2. 将猪五花肉洗干净，切成小丁，用盐腌2～3分钟；将豌豆洗干净，剁成碎末备用。

3. 锅内加入植物油，待油八成热时下入肉丁煸炒出香味。

4. 锅内加入150毫升水，加入泡好的糯米、肉丁和豌豆，先用旺火煮开，再用小火焖30分钟即可。（也可以用电饭锅来焖，只要把准备

好的米、肉末和水放到锅里，按下"煮饭"键就不用管了。饭好了电饭锅会自动跳开，然后在保温状态下再焖10分钟就可以了。）

此饭糯米软滑香浓，且含有蛋白质、脂肪、糖类、钙、磷、铁、维生素B_1、维生素B_2、烟酸及淀粉等营养物质，具有补中益气、健脾养胃的功效，是极佳的强壮食品。豌豆含丰富的蛋白质、脂肪、糖类、纤维素、胡萝卜素、维生素C、维生素B_1、维生素B_2和钙、磷、铁等矿物质，具有益气、止血、清肠、助消化，以及治疗由胃虚所引起的呕吐的功效。豌豆里所含的止权酸、植物凝素等物质还具有抗菌消炎、促进新陈代谢的作用。

超级啰唆

脾胃虚弱的宝宝最好别吃。

胡萝卜牛肉粥

适宜范围：11个月以上的宝宝。

原料：大米50克，牛肉汤100克，胡萝卜20克，清水适量。

制作方法：

1. 将大米淘洗干净，用冷水泡2个小时左右。

2. 将胡萝卜洗干净，切成小块，放到锅里煮熟或蒸熟，用小勺捣成胡萝卜泥。

3. 用勺子撇去牛肉汤面上的油，加入锅里煮开，加入大米及水，用小火煮至米熟。

4. 加入胡萝卜泥，边煮边搅拌，再煮1～2分钟，即可。

此粥含有丰富的蛋白质及各种维生素，还具有补中益气、滋养脾胃的作用。

超级啰唆

1. 颜色为均匀的浅红色，肉质细腻，肉面有光泽，外表微干或有风干膜，弹性好、不粘手、有鲜肉味的牛肉为新鲜的嫩牛肉，比较适合宝宝吃。颜色深红、肉质粗的牛肉是老牛肉，不但不容易煮烂，还不好消化，最好不要给宝宝吃。

2. 牛肉不宜常吃，一周吃一次就已经足够了。

龙眼莲子粥

适宜范围：11个月以上的宝宝。

原料：大米（或糯米）50克，龙眼肉2个，莲子（去心）10克，干大枣3～5颗（约20克），清水适量。

制作方法：

1.将大米（糯米）淘洗干净，用冷水泡2个小时左右。

2.将莲子冲洗干净，用干粉机磨碎。

3.将大枣剖成两半，去掉核，剁成碎末备用；龙眼肉剁成碎末备用。

4.将大米（糯米）连水加入锅里，先用大火烧开，再用小火熬30分钟左右，加入龙眼肉、莲子、大枣末，煮5分钟左右即可。

营养师告诉你

　　龙眼、莲子富含蛋白质、葡萄糖、磷、钙、铁及维生素A、B族维生素等营养物质，不但有助于宝宝脑细胞的发育，还可以开胃健脾，很适合宝宝吃。

超级啰唆

1.服用糖皮质激素时不要吃。

2.服用健胃药及退热药时不要吃。

桃仁稠粥

适宜范围：11个月以上的宝宝。

原料：大米（或糯米）50克，熟核桃仁10克，清水适量。

制作方法：

1.将大米（糯米）淘洗干净，用冷水泡2个小时左右。

2.将熟核桃仁放到料理机里打成粉，拣去皮。

3.将大米（糯米）连水倒入锅里，先用大火煮开，再用小火熬成比较稠的粥。

4.将核桃放到粥里，用小火煮5分钟左右，边煮边搅拌，待粥软烂即可。

营养师告诉你

　　此粥富含蛋白质、脂肪、钙、磷、锌等多种营养素，其中核桃仁所含的不饱和脂肪酸对宝宝的大脑发育极为有益。

1.核桃里面含的油脂比较多，一次不要给宝宝吃得太多，免得对宝宝的脾胃不利。

2.如果买不到炒熟的核桃仁，也可以用生核桃仁自己炒制。具体方法是把核桃仁放到一个没有水的锅里，不放油，用中小火干炒至闻到核桃香味。也可以把生核桃仁放到微波炉的玻璃盘上用中小火烤2~4分钟。

鲜肉馄饨

适宜范围：11个月以上的宝宝。

原料：新鲜猪肉50克，嫩葱叶5克，馄饨皮10张，香油、高汤适量，紫菜少许，盐少许。

制作方法：

1.将紫菜用温水泡发，洗干净泥沙，切成碎末备用。

2.将猪肉洗净，剁成极细的肉茸。将葱叶洗净，剁成极细的末。

3.在肉茸里加入葱末、香油和盐拌匀。

4.用小勺挑起肉馅，放到馄饨皮内包好。

5.锅内加入高汤，煮开，下入馄饨煮熟，然后撒入准备好的紫菜末，煮1分钟左右，盛出即可。

营养师告诉你

鲜肉馄饨味香汤鲜，口感软滑柔嫩，很能激起宝宝的食欲。

超级啰唆

葱不要加得太多，有一点点味道就可以了。

三色豆腐

适宜范围： 11个月以上的宝宝。

原料： 豆腐50克，胡萝卜1/4根（50克左右），新鲜虾仁30克，嫩菠菜叶20克，植物油15克，盐少许。

制作方法：

1. 将豆腐放到开水锅里氽烫一下，捞出来沥干水，用小勺捣成泥；虾仁洗干净，剁成碎末备用。

2. 将胡萝卜洗干净，去掉皮和硬芯，切成碎末待用；菠菜叶洗干净，放到开水锅里焯2～3分钟，剁成碎末备用。

3. 锅内加入植物油烧至八成热时，将胡萝卜末下到锅里，炒至半熟时，下入虾泥和豆腐泥，继续煸炒至八成熟。

4. 加入碎菜炒至菜烂，加入少量盐调味即可。

营养师告诉你

三色豆腐含有丰富的蛋白质、脂肪、糖类、钙、铁、纤维素、维生素A、维生素B_1、维生素B_2及烟酸等营养物质，能刺激宝宝的胃液分泌和肠道蠕动，增加食物与消化液的接触面积，帮助宝宝增强消化功能。

银鱼蒸蛋

适宜范围： 11个月以上的宝宝。

原料： 新鲜鸡蛋1个（约60克），银鱼50克，胡萝卜15克左右，开水适量。

制作方法：

1. 将胡萝卜洗净，去皮，切成极小的丁，放到开水锅中煮软。

2. 将银鱼洗干净，捞出来沥干水，去除皮、骨，剁成碎末待用。

3. 将鸡蛋洗干净，打到碗里，用筷子搅散。

4. 将银鱼末加到鸡蛋里，搅拌均匀，放到蒸锅里用小火蒸10分钟左右，加入胡萝卜丁拌匀即可。

银鱼肉质柔嫩、味道鲜美、营养丰富，鸡蛋羹口感嫩滑、蛋香浓郁，含有丰富的蛋白质、脂肪、钙、铁、钾等营养物质。两者搭配，堪称美味和营养的完美结合。

超级啰唆

1.银鱼以鱼身干爽、色泽自然透明者为上。不要单纯地看鱼身的颜色白不白，太白的银鱼也可能是不法商人用荧光剂或漂白剂炮制出来的。

2.一定要挑干净鱼刺。

碎菜牛肉

适宜范围： 11个月以上的宝宝。

原料： 新鲜的嫩牛肉30克，新鲜西红柿30克，嫩菠菜叶20克，胡萝卜15克，黄油10克，清水、高汤各适量，盐少许。

制作方法：

1.将牛肉洗净切碎，放到锅里煮熟；胡萝卜洗净，去皮，切成1厘米见方的丁，放到锅里煮软备用。

2.将菠菜叶洗干净，放到开水锅里焯2～3分钟，捞出来沥干水，切成碎末备用。

3.将西红柿用开水烫一下，去掉皮、子，切成碎末备用。

4.黄油放入锅内烧热，依次下入胡萝卜、西红柿、碎牛肉、菠菜翻炒均匀，加入高汤和盐，用火煮至肉烂即可。

碎菜牛肉富含优质蛋白质、胡萝卜素、维生素B$_1$、维生素B$_2$、维生素C和钙、磷、铁、硒等多种营养素，能为宝宝提供比较全面的营养。

超级啰唆

煮的时候火一定要小，并要不停地搅拌，防止煳锅。

肉末卷心菜

适宜范围: 11个月以上的宝宝。

原料: 猪瘦肉15克,嫩卷心菜叶15克,白洋葱5克,植物油5克,盐、水淀粉各少许,高汤适量。

制作方法:

1.将卷心菜叶洗干净,放到开水锅里汆烫一下,切成碎末。

2.将洋葱洗干净,切成碎末备用;猪瘦肉洗干净,剁成肉末。

3.锅内加入植物油,待油八成热时下入肉末煸炒至断生,加入高汤和洋葱末,用中火煮至洋葱熟软。

4.加入卷心菜,煮2~3分钟。加入盐调味,再用水淀粉勾上一层薄芡,出锅即可。

营养师告诉你

　　卷心菜含有多种人体必需的氨基酸,还含有维生素B_1、维生素B_2、维生素C及胡萝卜素、叶酸、尼克酸和钾、钠、钙等营养物质,具有预防巨幼红细胞性贫血、杀菌、消炎、增强人体免疫力的功效。猪肉含有丰富的铁、优质蛋白质和人体必需的脂肪酸,还能提供促进本身所含的有机铁吸收的半胱氨酸,对改善和预防缺铁性贫血特别有好处。

超级啰唆

1.卷心菜一定要先用开水汆烫,不要生着下锅,否则影响菜的味道。

2.一定要等洋葱熟软后再下卷心菜,否则洋葱不容易被宝宝消化。

3.腹胀的宝宝不要吃,容易产生胀气。

苹果薯泥

适宜范围: 11个月以上的宝宝。

原料: 红薯50克,苹果50克,白糖少许。

制作方法:

1.将红薯洗干净,削去皮,切成小块,放到锅里煮软。

2.将苹果洗干净,去皮,去核,切成小块,放到锅里煮软。

3. 将红薯和苹果混合到一起，用小勺捣成泥（也可以放到榨汁机里打成泥）。

4. 加入少许白糖，拌匀即可。

营养师告诉你

苹果薯泥口感软烂，口味香甜，还含有丰富的糖类、蛋白质、钙、铁及多种维生素，能够调节人体的酸碱平衡，维护宝宝的健康。

超级啰唆

1. 一定要把红薯和苹果煮烂，否则不容易捣成泥。

2. 生黑斑的红薯含有多种毒素，很容易引起食物中毒。这些毒素的耐热性很好，不论煮还是蒸都没办法完全去除，所以，坚决不能吃长了黑斑的红薯。

3. 吃苹果薯泥的前后5个小时里都不要吃柿子，否则会使宝宝的胃酸分泌增多，与柿子中的鞣质、果胶起反应，生成沉淀物，对宝宝的健康不利。

牛肉萝卜汤

适宜范围：11个月以上的宝宝。

原料：牛腩50克，白萝卜30克，西红柿20克，清水适量，料酒、盐各少许。

制作方法：

1. 将牛腩洗净，切成小块，放到开水锅里焯2～3分钟。

2. 将白萝卜洗净，去掉皮，切成小块备用。

3. 将西红柿洗净，用开水烫一下，去掉皮和籽，切成小块备用。

4. 将牛腩放到砂锅里，加入料酒、白萝卜、西红柿和适量的清水，先用大火烧开，再用小火炖2个小时左右。

5. 加入盐调味即可。

营养师告诉你

牛肉萝卜汤含有丰富的蛋白质、糖类、维生素C、B族维生素、钾、镁、番茄红素、尼克酸等营养物质，能够促进宝宝的消化吸收功能，为宝宝的生长发育提供营养。

超级啰唆

一开始就加足够量的水，如果煲的过程中需要加水，也要加热水。

虾仁珍珠汤

适宜范围：11个月以上的宝宝。

原料：面粉40克，新鲜鸡蛋1个（约60克），虾仁20克，嫩菠菜叶10克，高汤200克，香油2克，盐少许。

制作方法：

1. 虾仁洗净，用水泡软，切成小丁备用。将菠菜择洗干净，放到开水锅中焯2～3分钟，捞出来沥干水，切成碎末备用。将鸡蛋洗干净，打到碗里，将蛋清和蛋黄分开。

2. 面粉用小筛筛过，装到一个干净的盆里，加入鸡蛋清，和成稍硬的面团。

3. 面板上加少许干面粉，取出面团揉匀，用擀面杖擀成薄皮，切成比黄豆粒稍小的丁，搓成小球。

4. 锅内加入高汤，下入虾仁、盐，用大火烧开，再下入面疙瘩，煮熟。

5. 将鸡蛋黄用筷子搅散，转着圈倒到锅里，用小火煮熟，加入菠菜末，淋上香油，即可出锅。

营养师告诉你

虾仁珍珠汤口感滑润，汤鲜味美，含有丰富的蛋白质、糖类、铁质、多种维生素及矿物质，能促进宝宝的生长发育，还有帮助宝宝预防贫血的作用。

 超级啰唆

面疙瘩一定要搓得小一点，越小越有利于宝宝消化吸收。

红小豆泥

适宜范围：12个月以上的宝宝。

原料：红小豆30克，红糖20克，清水适量，植物油少许。

制作方法：

1. 将红小豆拣去杂质，用清水洗净。

2. 把红小豆放入冷水锅里，先用旺火烧开，再盖上盖，改用小火焖至熟烂。

3. 将炒锅架到火上烧干，加入植物油，下入红糖炒至溶化。

4. 倒入焖好的豆泥，改用小火翻炒均匀即可。

营养师告诉你

　　红小豆是一种高蛋白、低脂肪、高营养、具有食疗功效的杂粮。蛋白质的含量约占全豆的20%左右。此外，红小豆还含有丰富的B族维生素、铁、钾、纤维素、多元酚等营养物质，具有生津液、利小便、消胀、止吐等食疗功效，对金黄色葡萄球菌、痢疾杆菌及伤寒杆菌等致病菌有明显的抑制作用。

超级啰唆

1. 红小豆一定要煮烂。

2. 炒豆泥时火要小，并且要不停地从锅底搅炒，以免将豆泥炒焦。

金色红薯球

适宜范围：12个月以上的宝宝。

原料：红心红薯1/3个（100克），红豆沙30克，植物油200克（实耗30克），清水适量。

制作方法：

1. 将红薯洗干净，削去皮，用清水煮熟，再用小勺捣成红薯泥。

2. 取出1/4份红薯泥，用手捏成团后压扁，在中间放上一点豆沙，再像包包子一样合起来，搓成一个小球。

3. 按上一步的办法把红薯泥装上豆沙，搓成一个个小红薯球。

4. 锅内加入植物油，烧热，将火关到最小，将搓好的红薯球放进油锅里炸成金黄色。

5. 捞出来凉凉，就可以给宝宝吃了。

营养师告诉你

　　红薯含有丰富的糖类、胡萝卜素、纤维素、亚油酸、维生素A、B族维生素、维生素C、维生素E及钾、铁、铜、硒、钙等10余种微量元素，营养价值很高，被营养学专家称为营养最均衡的保健食品，唯一的不足是缺少蛋白质和脂质。红豆里恰恰含有蛋白质和脂肪，此外还含有B族维生素、叶酸、钾、铁、磷等营养素。两者搭配，正好能取长补短，使宝宝获得比较全面的营养。

超级啰唆

1. 红薯一定要煮透，否则里面的"气化酶"不能被破坏，容易使宝宝发生腹胀。

2. 长了黑斑和发了芽的红薯能使人中毒，不要给宝宝吃。

Part 2

成为宝宝的营养专家

宝宝辅食制作技术指导

给宝宝选择健康食材

　　一定要注意新鲜，最好是当天买当天吃。存放过久的食物不但营养成分容易流失，还容易发霉或腐败，使宝宝感染上细菌和病毒，有的还会产生毒素，危害宝宝的健康。另外就是注意选择皮、壳比较容易处理的食物，尽量减少宝宝摄入农药残留和其他病原体的机会。

　　在烹煮的过程中要尽量采用自然食物，最好不要加调味料；香料、味精及刺激性强的调味料更应严禁使用。像蛋、鱼、肉、肝等食材一定要煮熟，并且要注意去掉不容易消化的皮、筋，挑干净碎骨及鱼刺。宝宝的食物里面尽量少放盐，不要放糖，并且不能太油腻。

　　0～1岁的宝宝消化系统发育还不完全，免疫力也比较低，妈妈们在给宝宝制作辅食的时候一定要特别小心，尽量避免一切使宝宝的肠胃受伤害的因素。

宝宝辅食的烹调要领

▶▶▶ 制作前的准备

　　首先是要注意卫生。制作前必须剪短指甲，用肥皂反复洗手；患传染病或手部发炎时，不要为宝宝做食物。用来制作和盛放食物的各种工具要提前洗净并用开水烫过；过滤用的纱布使用前要通过煮沸消毒。不管是水果还是蔬菜都要反复清洗，并用开水烫一遍。这样才能保证宝宝吃的东西不会被细菌污染。

　　其次是要为宝宝准备一套专用的工具，如榨汁机（榨汁、干粉、打汁全功能的最好）、研磨器、干净纱布等。一是使用起来比较方便，二是能避免和成人的餐具混用，形成交叉感染。

▶▶ 烹调时的注意事项

　　要注意根据宝宝的消化能力调节食物的性状和软硬度。开始时将食物处理成汤汁、泥糊状，慢慢地过渡到半固体、碎末状、小片成形的固体食物。

给宝宝的食物不要用铜质、铝质的炊具来烹煮，因为铜能和一些食物中的维生素C产生氧化反应，破坏维生素C；而铝则会在酸性环境下溶解在食物中，对宝宝的健康不利。

蒸有皮食品要连皮蒸，蒸完后再剥皮。用蒸、加压或不加水的方法烹煮蔬菜，要尽可能减少蔬菜与光、空气和水的接触。给宝宝制作食物时最好不要添加苏打粉，否则会造成维生素及矿物质的损失。

还要注意控制食物的温度。最好不要在微波炉中高温加热，以免破坏食物中的营养素。

▶▶▶ 营养巧搭配

不同类型的食物所含的营养成分是不一样的，这些不同的营养成分在互相搭配的时候还会产生互补、增强和阻碍的作用。如果能注意到食物中的营养差别，给每一种食材找到它的"最佳搭档"，就能提高食物的整体营养价值，为宝宝的辅食加分。

比如：动物性的食物和植物性的食物、粗粮和细粮相搭配，其中的蛋白质能起到互补作用，提高各自的营养价值和利用率。糖类和脂肪能供给充足的热量，同鸡蛋、牛奶、肉类等含蛋白质丰富的食物搭配，能使宝宝吃进去的蛋白质充分发挥修补组织的作用，有利于宝宝的生长发育。

制作水果类辅食注意事项

▶▶▶ 果汁

为宝宝制作果汁的时候，一定要选择新鲜、无裂伤、碰伤并且成熟的水果。一些汁水丰富的水果，像苹果、梨、桃、橙子，都可以成为制作时的首选。制作的时候可以选择新鲜的水果用榨汁机直接榨汁，也可以把水果放到锅里煮成果水，给宝宝饮用。

▶▶▶ 果泥

在4~6个月时，可以先给宝宝吃用苹果、葡萄、梨等不容易引起过敏的水果制成的果泥，满6个月后再给宝宝加柑橘类水果制成的果泥。

果泥的制作很简单：有的水果可以直接用小勺刮出泥给宝宝吃，如苹果、香蕉等。把苹果或香蕉洗净，苹果一切两半，香蕉剥去一边皮，用小勺轻轻刮成泥，随刮随喂，既卫生又方便。还有一种做法是先把水果做熟再制成泥。做的时候把水果洗干净，去皮、去核，切成碎块，加上适量的糖隔水蒸烂，搅拌成泥就可以给宝宝吃了。

制作果泥前，对水果的清洗十分重要。因为目前市场上出售的水果绝大部分都用过农药，一定要充分冲洗才能保证宝宝远离农药残留。对苹果、梨等容易去皮的水果，洗的时候只要先洗净再用清水浸泡15分钟就可以了；对皮薄或无皮的葡萄、草莓、杨梅等小水果，最好是先用清水浸泡15分钟，再用淡盐水浸泡10分钟左右，最后用清水冲洗干净。

给宝宝制作果泥的时候，一定要注意卫生。所有工具使用前都必须充分消毒，使用的过程中也要注意不要被细菌所污染。

尽管市场上有现成的果泥出售，从营养和卫生的角度来看，还是自己制作、现做现吃比较好。

制作蔬菜类辅食注意事项

▶▶▶ 菜汁

可以用来为宝宝制作菜汁的蔬菜有很多，像胡萝卜、黄瓜、西红柿、油菜、菠菜、小白菜等都可以选用。只要是用新鲜的蔬菜做出来的菜汁，宝宝一般都会喝。但是要注意一点：不能用洋葱、大蒜、香菜等味道辛辣浓烈的蔬菜做菜汁，也不宜作配料，因为它们对宝宝的胃肠刺激太大，会影响宝宝本来就没有发育完全的消化系统的功能。而菠菜、苦瓜之类味道苦涩的蔬菜也不适合用来做菜汁，因为宝宝可能会不喜欢它们的味道。

▶▶▶ 菜泥

蔬菜可以使宝宝获得必需的维生素C和矿物质，并能起到防治便秘的作用。以前妈妈们可能已经给宝宝添加过了新鲜的菜汁和蔬菜水，现在可以给宝宝加一点蔬菜泥，让宝宝尝试一下蔬菜的新吃法。可以用来做菜泥的蔬菜品种较多，各种常见的蔬菜，如新鲜的绿叶蔬菜、胡萝卜、土豆等，都可以用来制作菜泥。

制作方法也很简单：把选好的新鲜蔬菜洗净切碎，加上水，煮沸5～15分钟，取出来用汤勺碾碎，拣出粗纤维，或用滤网过滤，就得到富含维生素的蔬菜泥了。

这里还是要注意，不要选择洋葱、大蒜、香菜等刺激性大的蔬菜给宝宝做菜泥，哪怕只充当配料也不行，因为它们对宝宝胃肠的刺激太大。

制作肉类辅食注意事项

▶▶▶ 肉泥

进入第6个月，可以给宝宝开开"荤"了。这时候的宝宝刚刚长牙，消化功能也很弱，所以不能将成块的肉给他（她）吃——宝宝咬不动、吞咽起来有困难，也消化不了。因此，应把肉打成泥，就可以解决问题了。一开始可以给宝宝添加一些肉质细嫩并且容易消化的鱼肉泥，等宝宝适应了以后，再给宝宝添加猪肉、鸡肉、牛肉等各种肉泥。

▶▶▶ 肉末

7～8个月的宝宝咀嚼能力还比较低，大多数还吃不了肉丁、肉丝，要想通过吃肉给宝宝补充营养，制作肉末的功夫是一定要学好的。

把买来的瘦肉（猪里脊肉或羊肉、鸡肉都可以）洗干净，先剁成细末，再稍微加一点水淀粉和调味品调匀，就可以用各种各样的做法做给宝宝吃了。也可以从煮熟的肉块上直接取肉给宝宝做肉末，但是要注意煮的时候不要加太多调料。

如果放到蒸锅里蒸，就成了蒸肉糕。

如果加上菜泥一起炒，就成了蔬菜炒肉末。

如果加到粥或面里一起煮，就成了肉末粥（面）。

▶▶▶ 肝泥

动物肝脏营养丰富，含有优质蛋白质、脂肪、钙、磷、铁及维生素等营养物质，尤其是含有丰富的铁，有利于满足宝宝对铁的需要，帮宝宝预防缺铁性贫血。每星期给宝宝添加1~2次肝泥（每次约25克），就能有效地预防缺铁性贫血。

各种动物肝脏中最好的是鸡肝。因为鸡肝质地细腻，味道比别的肝类鲜美，宝宝容易接受，也比较容易消化。猪肝比较硬，即使捣碎了也会有颗粒，吃起来口感不太好，也容易出现积食，一般不作为给宝宝添加肝脏类食物的首选。鱼肝、狗肝含有毒素，不能给宝宝吃。

给宝宝做肝泥的时候，要选择颜色新鲜、表面有光泽、闻起来没有异味、用手压的时候弹性好的肝脏。买来肝脏，清洗干净后，要先在表面划上几刀，在水中浸泡30分钟，再开始制作。

想给宝宝做出好吃的肝泥，关键在于掌握好刀法。正确的刀法是：不要剁，要刮。先用斜刀将肝剖成两半，再用刀在肝的剖面上刮出酱紫色的糊样细末（比较关键，一定要注意），再加入一点点水、香油和少量的食盐，把刮出来的肝末调成泥状，隔水蒸8分钟左右就可以了。

还有一种做法是把刮出来的肝末用水、盐调成泥状，再用植物油急火炒熟。炒的时候容易流失维生素，所以要先加点水淀粉拌一拌，还能改善肝泥的口感，使它软滑可口。

给宝宝添加肝泥的时候要注意：肝泥质地较干，容易使宝宝噎到，最好是加到粥里或用牛奶调成糊状喂给宝宝，不要直接给宝宝吃肝泥。

制作蛋类辅食注意事项

▶▶▶ 蛋黄泥

宝宝4个月后，就要开始考虑添加蛋黄。这时候宝宝从妈妈那里得到的铁已经被消耗得差不多了，必须通过吃富含铁质的食物进行补充。蛋黄含有丰富的铁质、蛋白质和脂类，又容易消化，经常被妈妈们选择作为最早添加的蛋白质类辅食。

蛋黄泥的制作也很简单: 取一个新鲜的鸡蛋洗净,放到加了冷水的锅中煮10分钟左右,取出来剥去蛋壳,去掉外面的蛋白,把蛋黄(根据宝宝的食量,一般从1/4个蛋黄开始添加)放到一个小碗里研碎,再加入少量的开水或牛奶(米汤也可以),用小勺搅匀就可以了。

在制作的时候需要注意的是: 凉水下锅,这样不易煮坏。给6个月以内的宝宝制作蛋黄泥的时候一定要把蛋白挑干净,因为蛋白很容易致敏,这个时候的宝宝不能吃。

▶▶▶ 蒸蛋

蒸鸡蛋羹很容易,只要把新鲜鸡蛋洗干净,打到碗里搅散,在蛋液里加入适量的凉开水,再放到锅里蒸5~10分钟就可以了。

但是要注意的是: 一定要在蛋液里加凉开水,不能加生水和热开水。因为生水中有空气,在蒸制的过程中会使蛋羹出现小蜂窝状的气泡,使蛋羹不够嫩滑,营养成分也会受损;热开水会使鸡蛋的营养成分受到破坏,也不宜用来蒸蛋羹。

如果对蒸蛋羹没有经验,可以在时间差不多的时候,用干净的筷子挑开蛋羹的表面,看看里面的蛋液凝固了没有。如果凝固了,说明蛋羹已经蒸熟,就可以熄火了。如果还没有凝固,就需要再蒸2~3分钟。

制作粥饭类辅食注意事项

▶▶▶ 米糊和稀粥

米糊就是煮粥的时候漂在最上面的那一层白色的糊,因为口感细腻、富于营养,通常被认为是给宝宝添加辅食时的首选。现在市场上有很多配制好的米糊出售,如果不喜欢用,也可以自己制作。

具体做法是: 取适量的大米用冷水泡至米发胀,用料理机把泡好的大米打成粉,再加水(米和水的比例是1:10左右),用小火煮成粥即可。自己做的米糊最大的特点就是新鲜,营养流失少,而且

绝对不含添加剂，宝宝吃得比较放心；煮粥的时候还可以加上各种菜汁和果汁，增加米糊的营养。而市面上出售的成品米糊因为经过很多道加工，营养流失得比较多；而且为改善口味，绝大部分都加了白砂糖，吃多了对宝宝的大脑细胞发育不利。

稀粥的做法很简单，就是把大米淘洗干净，加上适量的水煮成粥即可。但是要注意，开始的时候不要喂米粒，宝宝会被噎到的。至少要到半个月后，宝宝适应了才可以喂煮得很烂的米粒。

▶▶▶ 肉末蔬菜粥

进入第7个月，宝宝开始长牙了。这时候如果只给宝宝喝流质或半流质的稀粥，不利于宝宝咀嚼能力的发展，在粥里添加一些蔬菜、肉末等需要咀嚼的食材，不但能帮宝宝锻炼咀嚼能力，还增加了粥的营养，可以说是一举两得。

肉末蔬菜粥的做法并不复杂，只要先用大米或小米煮粥，粥快好时加入切碎的蔬菜和事先准备好的肉末，将肉末、菜末和粥一起煮熟就可以了。

▶▶▶ 蒸软饭

既然叫做"饭"，就要有一定的黏稠度，不能像粥一样稀，那样水分太多，不能给宝宝提供充足的营养。但也不能直接把大人们吃的米饭给宝宝吃，那样的米饭太硬，宝宝难以咀嚼和消化。给宝宝吃的软饭应该介于粥和米饭之间，关键在于掌握好米和水的比例。

一般来说，米和水的比例应该是1：2。如果想用2勺大米蒸软饭，只要加上4勺水，再用电饭锅焖熟就可以了。

如果觉得白米饭太单调，还可以加上各种蔬菜和肉末，做成花样丰富的菜肉软饭，既能提起宝宝的兴趣，还可以为宝宝补充丰富的营养。

做菜肉软饭，首先是按米和水1∶2的比例，蒸出比较软的白米饭；然后把准备放到饭里的各种蔬菜洗干净（可以根据时令的变化和营养的需要调整蔬菜和肉末的种类），切成碎末；再把肉洗干净，切成肉末，下到锅里用油炒散；最后加入准备好的米饭、蔬菜末、少许盐和一点点水，焖5分钟左右即可。

制作面点类辅食注意事项

▶▶▶ 蒸馒头

1.开始和面的时候揉成的面团要偏硬，不要太软。因为面团发起来后会变稀变软，开始揉的面团太软，后来就没法揉，做的馒头也会往下塌，吃起来也不好吃。

2.和面的时候水的温度要随着季节和气候而变化，一般冬天宜用温水，夏天宜用凉水。

3.做馒头的时候需要加入食用碱，有几个办法可以帮助检测加的碱是不是合适：①用手拍面团。如果听到"嘭嘭"声，说明酸碱度合适；如果听到"空空"声，说明碱放少了；如果发出"吧嗒，吧嗒"的声音，说明碱放多了。②切开面团来看。如果切面上有分布均匀的芝麻粒大小的孔，说明碱放得合适；如果孔比较小，呈细长条形，面团颜色发黄，说明碱放多了；如果面团颜色发暗，出现不均匀的大孔，说明碱放少了。③扒开面团嗅味。如果有酸味，说明碱放少了；如果有碱味，说明碱放多了；如只闻到面团的香味，说明碱放得正合适。④揪下一点面团，放到口中尝味。如果有酸味，说明碱放少了；如有涩味，说明碱放多了；如果有甜味，说明碱放得正合适。

4.蒸馒头时，锅里必须加冷水，再逐渐升温，使馒头坯均匀受热。不要为了图快，一开始就用热水或开水，这样蒸出来的馒头容易夹生。

5.馒头蒸熟以后不要急于卸屉，先把笼屉的上盖揭开继续蒸3~5分钟，等最上面一屉馒头干结后再卸屉翻扣到案板上，取下屉布。这样就会使蒸出来的馒头既不粘屉布也不粘案板。

▶▶▶ 蛋糕

虽然现在可以很方便地买到各种各样的蛋糕，要想给宝宝吃最好还是自己做。

因为蛋糕房做的蛋糕大部分都添加了泡打粉、色素、香精等对宝宝的身体健康不利的物质，自己做就可以避免了。

1.不能用刚从冰箱里取出的鸡蛋和牛奶做蛋糕。鸡蛋越新鲜，发泡力越强。如果用从冰箱里储存的鸡蛋来做，至少要在外面放到鸡蛋恢复到室温时再用来做。

2.一定不要用高筋面粉，否则蛋糕将发不起来，最好是用低筋面粉。如果没有低筋粉，用普通面粉加淀粉也可（普通面粉大部分是中筋粉）。

3.淀粉要用玉米淀粉。因为玉米淀粉里的凝胶物质对做蛋糕很有好处，是别的淀粉所不能替代的。

4.用来装蛋清和蛋黄的碗里不能有水和油，手上同样也不能有水和油。

5.将鸡蛋的蛋清、蛋黄分离时，蛋清里面一定不能有蛋黄，否则要花费很长的时间才能把蛋清打到起泡。

▶▶▶ 自制蛋糕的做法

首先是准备做蛋糕的原料：鸡蛋4个，低筋面粉1饭勺（80克左右），牛奶150克左右，白糖适量（可以根据宝宝的口味添加，最好不要太多），盐少许，色拉油少许。

准备好原料后，先要把鸡蛋洗干净，打到一个干净的碗里（碗要保持绝对的干净，既不能有水也不能有油），把蛋黄和蛋清分开。

在蛋清里加入一点点盐和1汤勺白糖（15克左右），然后用三根筷子沿着一个方向将蛋清打到起泡，再加入一汤勺白糖继续打，一直把蛋清

打到发硬，即使把碗倒过来蛋清也不会流下来的时候就可以了（整个过程大概需要15分钟）。

然后，在蛋黄里加入30克白糖和准备好的面粉，再加入牛奶（如果没有牛奶，也可以用冲调好的配方奶或鲜榨的果汁），用干净的筷子搅匀。

先取1/3打好的蛋清，放到搅好的面粉糊里，用勺子上下搅拌均匀；再分成两次把剩下的蛋清加到面粉糊里，分别搅匀。

电饭锅插上插头，按下"煮饭"键，进行预热（注意不要加水，可以用筷子压住锅底，加热1分钟）。

在锅底和锅壁涂上一层色拉油（防止蛋糕糊在锅底倒不出来），把调好的面糊倒进锅的内胆里，用双手端着锅，在桌子上震几下，把面糊里的大气泡震出来。

然后把锅胆放进外锅，按下"煮饭"键进行加热。当电饭锅跳到保温状态后再焖20分钟；再一次按下"煮饭"键，等电饭锅跳到保温状态后再焖20分钟（如果电饭锅的功率比较大，可以缩短焖的时间）即可。

出锅的时候只要准备一个干净的盘子，把蛋糕扣在盘子里，就可以切开给宝宝吃了。这样做出来的蛋糕，虽然样子没有蛋糕房的好看，鸡蛋味却要浓郁得多，吃起来口感也更松软。更重要的是，它绝对不含香精、色素等化学成分，是宝宝的安全食品。

出生后的第1年是宝宝一生中生长发育最快的时期，也是新妈妈们通过添加辅食和减少母乳喂养量，为宝宝实行换乳的阶段。这就需要注意：必须通过各种食物的合理搭配，为宝宝提供充足、全面而均衡的营养。因为只有这样才能更好地促进宝宝的生长发育，为宝宝日后的进一步成长和发展打下坚实的基础。

宝宝在这个时期需要的营养主要有糖类（碳水化合物）、蛋白质、脂肪、水、维生素、矿物质六大类，不同的生长阶段对各种营养素的需求数量和比例也各不相同。

宝宝换乳期的关键营养素

▶▶▶ 水

1岁以内的宝宝生长发育迅速，新陈代谢旺盛，热能消耗多，对水的需要量也大。一般的宝宝每天每千克体重大约需要100～150毫升水。因为母乳中有比较充足的水分，母乳喂养的宝宝基本上不需要额外喂水；人工喂养的宝宝则需要在吃奶以外加喂一定量的白开水，以防止宝宝上火。

▶▶▶ 蛋白质

蛋白质是生命的物质基础，没有蛋白质就没有生命。宝宝体内每一个细胞和所有重要组成部分都有蛋白质参与。它的主要生理功能是促进宝宝的生长发育，维持新陈代谢的正常进行。

蛋白质的主要食物来源是肉、蛋、奶和各种豆类食品。对出生不久的宝宝来说，母乳是最好的蛋白质来源。不吃母乳的宝宝可以从牛奶、配方奶粉、鸡蛋、肉类、豆制品和芝麻、核桃等各种干果里获取所需要的蛋白质。

相比较而言，动物性食品里所含的蛋白质质量更高一点。因为它们含有比较全面的人体必需的氨基酸。植物性食物所含的蛋白质通常会有1～2种必需的氨基酸含量不足，需要和含有其他类型蛋白质的食物搭配起来，才能保证比较全面的营养。

宝宝对蛋白质的需求与喂养方式有关，并且随生长阶段的变化而有所不同：1个月以内母乳喂养的宝宝每天每千克体重大约需要2克蛋白质，牛奶或配方奶喂养的宝

宝每天每千克体重大约需要3.5克蛋白质，用豆奶等大豆制品喂养的宝宝每天每千克体重大约需要4克蛋白质。

1～6个月以内的宝宝对蛋白质的需求量也相对较大，大约每千克体重每天需要1.4～2克的蛋白质补充。这些蛋白质主要从母乳、牛奶或配方奶中获得。每100毫升母乳含有1克左右的蛋白质；配方奶粉所含的蛋白质较多，大约是母乳的2倍，每天吃700～800毫升母乳或配方奶，基本能满足宝宝的需要。

6～12个月的宝宝每千克体重每天需要1.5～3克的蛋白质，除了吃母乳或配方奶，还可以通过吃一些蛋白质含量丰富的食物，如鱼、肉、蛋、奶、海鲜等来满足需求。当然，母乳和配方奶仍是宝宝补充蛋白质的良好来源。

▶▶▶ 脂肪

脂肪不仅能为宝宝的生长发育提供一定的能量，也是生物体的重要组成成分（比如磷脂，就是构成人体细胞膜的重要成分）。除此之外，脂肪还能为宝宝提供人体必需的脂肪酸和脂溶性维生素（维生素A、维生素D、维生素E等），还具有保暖、缓冲外界压力、保护内脏的作用。

含脂肪丰富的食物主要是食用油、肉类、蛋黄和坚果。相比较而言，畜肉含的脂肪比较丰富，但多数是饱和脂肪酸；家禽、鱼类的肉含脂肪比较少，但所含的不饱和脂肪酸较多，比较适合宝宝的需要。蛋黄的脂肪含量比较高，约为30%左右，主要是不饱和脂肪酸。此外，母乳和牛奶等乳制品里也含有脂肪，并且母乳里面所含的大多数是人体必需的不饱和脂肪酸，是1岁以内宝宝获取脂肪的最好来源。

1个月以内的宝宝每天需要摄入15～18克的脂肪，主要通过母乳、牛奶或配方奶获得；1～12个月的宝宝每千克体重每天需要摄入4克左右的脂肪，除了母乳、牛奶（或配方奶）和鱼肝油，还可以从植物油、肉类以及花生、芝麻等富含脂肪的杂粮里获得。

▶▶▶ 糖类

糖类就是碳水化合物，主要功能是为宝宝的生长发育提供能量。母乳和牛奶中的乳糖、配方奶粉中的蔗糖、葡萄糖，玉米糖浆含有淀粉中被人体内的淀粉酶分解后产生的麦芽糖和葡萄糖，都是宝宝可以获得和吸收的碳水化合物。

4个月以内的宝宝每天每千克体重大约需要100～120千卡（418.68～502.42千焦）的能量，主要从母乳、牛奶或配方奶中获得。4～12个月的宝宝每天每千克体重大约需要90～100千卡（376.81～418.68千焦）的能量，除了母乳、牛奶或配方奶，还可以通过米粉、米糊、麦糊、粥、软饭等含淀粉的食物来获得。此外，甘蔗、甜瓜、西瓜、香蕉、葡萄等水果，胡萝卜等蔬菜里也含有一定量的碳水化合物。

▶▶▶ 维生素

维生素的主要作用是维护机体各项功能的正常运作，促进宝宝的生长发育。在各种维生素的需求中，以维生素A、维生素D、维生素E、维生素C的需要最为突出。维生素每日推荐量见下表。

维生素	每日推荐量	对宝宝的重要作用	营养来源
维生素A	200微克左右	如果缺乏，宝宝很容易出现发育迟缓、生长停滞的现象，并容易得皮肤病、各种黏膜炎症和弱视、夜盲症等病症	有的妈妈母乳中维生素A的含量不多，可以通过为宝宝添加鱼肝油或维生素A含量丰富的辅食来补充
维生素D	5～10微克（400国际单位）左右	调节钙、磷的正常代谢，促进钙的吸收和利用，维持宝宝骨骼和牙齿的正常生长	除了从母乳中获得，还可以从蛋黄、鱼肝油等辅食中获得。经常带宝宝到户外晒晒太阳，也有助于促使宝宝自己合成维生素D
维生素E	6个月以内3毫克左右；6～12个月4毫克左右	可以增强脑神经细胞的活力，防止脑细胞老化和坏死。如果缺乏维生素E，宝宝可能会变得呆傻，并且容易得溶血性贫血、血小板增加及硬肿症等病症	如果妈妈的母乳里含的维生素E比较少，就需要及时为宝宝添加鱼肝油、玉米油、花生油、芝麻油、蛋、绿叶蔬菜等富含维生素E的辅食来补充
维生素C	6个月以内40毫克左右；6～12个月50毫克左右	可以参与牙齿和骨骼的生长，可以促进铁的吸收，还可以增强宝宝伤口愈合和抗感染的能力。如果缺乏维生素C，对宝宝最大的害处是延缓生长，还有可能使宝宝患维生素C缺乏病	西瓜、苹果、大枣、西红柿、菠菜等水果和蔬菜中含有丰富的维生素C，可以制成果菜汁、果菜泥、菜粥或菜末给宝宝吃

▶▶▶ 钙

钙是组成骨骼和牙齿的重要元素，此外还有调节神经、肌肉的应激性，降低神经和肌肉兴奋程度，激活并调节新陈代谢、促进血液凝固、调节人体内渗透压、维持人体酸碱平衡的作用。

如果宝宝缺钙，首先会影响宝宝的骨骼发育，使宝宝出现佝偻病、方颅、骨骼变形、牙齿不齐等骨骼病；其次还会出现多汗（常常会导致枕秃）、夜哭、夜惊、免疫力低、容易烦躁、食欲缺乏等症状，还可能延缓宝宝的发育。

母乳、牛奶、鸡蛋、豆制品、海带、紫菜、虾皮、海鱼、芝麻、山楂、蔬菜等食物里含有丰富的钙，特别是母乳和牛奶，含钙量比其他食物要高出很多。

需要注意：在添加含钙丰富的辅食时，要避免吃太多含磷酸盐、草酸和蛋白质的食物，以免吃进去的钙和这些物质产生反应，生成不容易消化的沉淀物，影响钙的吸收。在补钙的时候还要注意为宝宝补充维生素D，因为维生素D能促进钙的吸收利用。在很多时候，宝宝缺钙不是因为摄入的钙质少，而是由于体内缺乏维生素D，导致钙的吸收和利用率不高造成的。

▶▶▶ 铁

铁是人体必需的微量元素之一。它不但是血红蛋白的重要组成成分，还具有促进血液向组织输送氧气、调节呼吸和能量代谢、促进β-胡萝卜素转化为维生素A、增强人体免疫力的生理功能。如果宝宝缺铁，最直接的后果是出现缺铁性贫血，还会损害宝宝的认知能力，造成心理活动和智力发育异常，降低宝宝对各类疾病的免疫力，使宝宝出现倦怠、食欲缺乏、恶心等症状。

但是也不能给宝宝补充太多的铁。血液中的铁质过多，不但不能增加宝宝的免疫力，还会因为被细菌吞噬造成细菌大量繁殖，增加宝宝受到细菌感染的机会。

宝宝刚出生时，会从母体得到一部分铁，以满足自己生长发育的需要。4个月以后一般就要考虑给宝宝补铁，避免宝宝出现缺铁性贫血。一般宝宝每天每千克体重需要补充1毫克左右的铁，早产儿每天每千克体重需要补充2毫克铁，最多每天不要超过15毫克。

各种动物血、动物肝脏、瘦肉、鸡蛋、黑木耳、海带、发菜、紫菜、香菇、黄豆及绿色蔬菜等食物里都含有比较丰富的铁，新妈妈们可以根据宝宝的情况进行添加。一般来说，动物的肝脏、肉类、动物血和黄豆等食物中所含的铁比较高，可以达到

15% ~ 20%，谷物、蔬菜、水果里所含的铁的吸收率则比较低，仅为1.7% ~ 7.9%。

▶▶▶ 锌

锌在宝宝的生长发育过程中发挥着重要作用：它是宝宝体内一百多种酶的组成成分，这些酶对宝宝的身体组织呼吸和蛋白质、脂肪、糖、核酸等物质的代谢都起着重要的调节作用。此外，锌还是唾液蛋白、维生素A还原酶和视黄醇结合蛋白合成过程中的重要物质，并具有促进味觉发展、促进维生素A的运输和利用、保护皮肤健康、增强人体免疫力的作用，还有助于抑制癌症的发生。

宝宝缺锌的最初症状是消化功能减退，主要表现为食欲缺乏。由于缺锌会影响舌黏膜的功能，使味觉敏感度下降，容易使宝宝畏食，有的还会出现异食症（如喜欢吃泥土、煤渣等）。缺锌还会使宝宝免疫力降低，容易受病菌感染，伤口愈合缓慢，出现口腔溃疡反复发作、舌黏膜成片剥脱的现象（也就是人们常说的"地图舌"）。另外，缺锌还会影响宝宝的生长发育，使宝宝患上缺锌性侏儒症，或造成宝宝智能发育落后。

宝宝从母体里带来的锌储备很少，出生后几乎全靠从食物中获得生长发育所需要的锌。如果妈妈的体内不缺锌，母乳喂养的宝宝一般不需要额外补锌。喝牛奶、吃缺锌或低锌配方奶粉的宝宝经常出现缺锌的情况，需要通过添加含锌量比较高的辅食进行补充。

动物肝脏、贝壳、鱼类、牡蛎、瘦肉、坚果、蛋和豆类等食物里都含有丰富的锌。

6个月以内的宝宝每天应该摄入3毫克锌，可以通过母乳或对锌进行强化的配方奶来获得；6 ~ 12个月的宝宝每天应该摄入5毫克左右的锌，除了母乳和配方奶，还可以从营养米粉、鱼、蛋、肉、谷类食物、肝等辅食里获得。

▶▶▶ 磷

磷也是人体内极为重要的元素。它是骨骼和牙齿的重要组成成分，还是所有细胞中核糖核酸、脱氧核糖核酸的构成元素，对促进宝宝的生长发育，协助身体分解脂肪和淀粉，为宝宝提供能量，调节人体内的酸碱平衡发挥着重要的作用。

如果缺了磷，宝宝的骨骼和牙齿首先受到影响，出现骨质疏松、软骨病、牙齿发育异常等病症。

6个月以内的宝宝每天大约需要300毫克的磷；6～12个月的宝宝每天需要500毫克的磷。除了母乳、牛奶和经过磷强化的配方奶含磷外，蛋黄、鱼、瘦肉、动物肝脏、动物肾脏、虾皮、海带、紫菜、香菇、银耳、花生、核桃肉、南瓜子等食物里都含有比较多的磷，新妈妈们可以根据实际情况进行选择，为宝宝补充磷。

▶▶▶ 钠

钠的主要作用是维持宝宝的正常血压，调节宝宝尿液中微量元素的排泄，维持宝宝体内酸碱平衡。此外，钠还是胰汁、胆汁、汗和泪水的组成成分，并具有增强宝宝肌肉和神经的兴奋性的作用。

钠的主要食物来源是食盐。4个月内的宝宝，每天需要的钠完全可以从母乳或配方奶中获得，不必额外补充。这时候宝宝的肾脏发育还不完全，摄入过量的钠反而会对宝宝的肾功能造成损害。所以，4个月以前的宝宝应该严格限制钠的摄入量，禁止给宝宝添加任何含盐的食品和饮料。5～6个月的宝宝仍要严格控制钠的摄入量。除了母乳和配方奶，一些营养米粉和蔬菜本身就含有一定的钠，基本不需要再额外添加食盐。7～12个月的宝宝可以少量地吃一点食盐，但仍需要控制摄入量。在给宝宝加盐的时候，不要以妈妈的口味为标准，只要加上极少的一点点，使食物稍微能感觉到一点咸味就足够了。

▶▶▶ 碘

碘是人体的必需微量元素之一。除了促进宝宝身高、体重、骨骼、肌肉方面的生长和发育，碘还具有调节蛋白质的合成和分解、促进糖和脂肪代谢、调节体内的水盐平衡、增强宝宝体内一百多种酶的活力、调节能量转换的作用。

6个月内的宝宝，每天对碘的需要量为40微克左右，7～12个月的宝宝每天对碘的需要量为50微克左右。加碘奶粉、海带、紫菜、海白菜、海鱼、虾、蟹、贝类、菠菜、芹菜等食物的含碘量比较丰富，妈妈们可以根据实际情况为宝宝添加。

▶▶▶ **其他微量元素**

到目前为止，科学界确认的和人的生命健康有关的必需微量元素有18种，除了前面提到的铁、锌、碘等，还有铜、钴、锰、铬、硒、镍、氟、钼、钒、锡、硅、锶、硼、铷、砷等。这些微量元素都自己独特的生理功能，尽管在人体内的含量极少，对维持人体的一些决定性的新陈代谢却十分必要，一旦缺乏就引起疾病，甚至危及生命。

由于各种食物中所含的微量元素的种类和数量有很大的差别，妈妈们在给宝宝添加辅食的时候，一定要做到粗粮、细粮结合，荤素搭配，才能满足宝宝的基本需要。

宝宝最爱吃主食

牛奶

▶▶▶ 营养分析

牛奶营养丰富，除了含有丰富的优质蛋白质以外，还含有大量的脂肪、水、乳糖、B族维生素和钙、磷、铁、钾等矿物质，并且很容易被消化和吸收，被营养学家称赞为"白色血液"，是值得宝宝享用一生的天然食品。

▶▶▶ 适用范围

牛奶分为鲜牛奶和牛奶制品两种类型，给宝宝吃的牛奶制品主要是配方奶（也就是人们常说的奶粉）。

一般来说，鲜牛奶中含有比较多的大分子蛋白质（主要是酪蛋白），比较不容易消化；糖类、磷、铁、碘、镁、叶酸等营养物质的含量也比较少，特别是缺少能促进宝宝大脑发育的磷脂酰胆碱，因此不适合6个月以内的宝宝作为主食来喝。

配方奶是经过改良的牛奶制品。除了将牛奶里的大分子蛋白质进行分解外，配方奶里还添加了α-乳清蛋白、DHA、AA（花生四烯酸）、硫黄酸、铁、锌等营养成分，比较适合1岁以内的宝宝作为母乳以外的主要乳类食品来饮用。目前市场上出售的配方奶粉主要有高乳糖配方和低乳糖配方两种，高乳糖配方奶粉中的乳糖含量接近母乳，适合大部分宝宝食用；低乳糖配方奶粉中的乳糖含量仅在20%左右，比较适合喝牛奶会出现腹胀、腹泻等症状，对乳糖的耐受性较差的宝宝食用。

满1周岁的宝宝可以开始喝鲜奶，但也要注意从少到多慢慢地添加，让宝宝的肠胃有个适应的过程。

▶▶▶ 选购支招

目前市场上的配方奶粉的营养结构大都接近母乳，只是在比例和量上有所不同。母乳所含的蛋白质中，最主要的是α-乳清蛋白（含量在27%左右），而牛奶中的α-乳清蛋白含量一般都很低（含量在4%左右）；所以，在为宝宝选择奶粉的时候，首先要看奶粉中α-乳清蛋白的含量，尽量选择α-乳清蛋白含量接近母乳的配方奶粉。

其次，还要根据宝宝的营养需要进行选择。早产儿宝宝的消化系统和顺产儿宝宝比起来要差一些，注意要为宝宝选择专门的早产儿奶粉，有利于帮助宝宝弥补消化功能弱的不足，促进宝宝的正常发育。等宝宝的体重增加到正常的范围内（大于5千克），才能更换成普通的婴儿配方奶粉。有些宝宝体内缺乏乳糖酶，容易对普通奶粉过敏，有的宝宝患有哮喘和一些过敏性的皮肤疾病，都需要选择专门的脱敏奶粉。患腹泻或短肠综合征的宝宝，可以选用水解蛋白配方奶粉。缺铁的宝宝则要选择高铁奶粉。

一般罐装奶粉的生产日期和保质期都会标示在罐体，袋装奶粉的生产日期和保质期则分别标示在包装袋侧面或封口的地方，妈妈们可以从这些地方判断是否过期，避免买到变质的奶粉。购买罐装奶粉的时候，妈妈们可以轻轻地摇一摇罐体，如果听到撞击声，就说明里面的奶粉已经结块，属于变质奶粉，不能食用。购买袋装奶粉的时候可以用手轻轻捏一捏，如果手感松软，有流动感，说明是合格产品；如果手感凹凸不平，并有不规则的块状，就说明是已经变质的奶粉。另外，还要看看装奶粉的容器有没有漏气现象（主要是袋装奶粉，罐装奶粉的密封性能比较好，一般不会出现这种情况）。在购买时用双手挤压一下，如果发现漏气、漏粉或是袋内根本没有气体，就说明该奶粉包装密封性能比较差，装在里面的奶粉就有被细菌感染的危险。

在购买奶粉的时候，妈妈们还要注意避免一个误区：高价奶粉一定是好的。其实奶粉中的营养成分差别不是很大，同类产品的价格都不会相差很多。有些进口奶粉价格高，主要是由于转运到中国市场的过程中进口关税和运输费的成本比较高。妈妈千万不要以为花了高价就一定能买到好产品，还要从奶粉的质量和宝宝的实际需要出发，仔细甄别，按需选购，才能买到真正的好奶粉。

▶▶▶ 搭配宜忌

宜	豆浆	不但风味独特，还能使牛奶中比较缺乏的铁、水溶性维生素的含量得到补充，使营养更加丰富和均衡
	燕麦	既能补充蛋白质，又可以提供丰富的碳水化合物、维生素和磷、铁、钙等营养物质，满足宝宝多元化的营养需求
忌	钙粉	钙粉中的钙离子会和牛奶中的蛋白质结合产生不容易消化的沉淀物，降低牛奶中的蛋白质和钙粉中钙的吸收利用率
	酸性水果	牛奶中的蛋白质和酸性水果中的果酸相遇会产生不容易消化的沉淀物，使宝宝出现消化不良或腹泻
	菠菜、韭菜	这些蔬菜中含有大量的草酸，会和牛奶中的钙结合生成不容易消化的草酸钙，影响牛奶中钙的吸收
	巧克力	巧克力含有草酸，会和牛奶中的钙结合生成不容易消化的草酸钙，影响牛奶中钙的吸收

▶▶▶ 推荐辅食

牛奶藕粉

适宜范围：4个月以上的宝宝。

原料：配方奶30克，藕粉1大匙（30克左右），水150毫升。

制作方法：

把准备好的藕粉、水和配方奶加入干净的奶锅里搅拌均匀，然后用小火煮。边煮边搅拌，直到成为透明的糊状为止。

牛奶香蕉粥

适宜范围：4个月以上的宝宝。

原料：配方奶1大勺（50毫升左右），新鲜香蕉半根。

制作方法：

1. 香蕉剥去皮，切成小块，用小勺研成细泥。

2. 锅内加入牛奶，把研好的香蕉泥倒进去一起煮，边煮边搅拌。

3. 2分钟后熄火，凉凉，即可喂给宝宝吃。

 大米

▶▶▶ 营养分析

　　大米里含量最高的营养物质是碳水化合物，其次是B族维生素、维生素A、维生素E和磷、铁、镁、钾、钙等矿物质，蛋白质的含量不高，仅占8%左右。从食疗的角度来看，大米性味甘平，具有补中益气、健脾养胃、和五脏、通血脉的作用，是宝宝成长过程中必不可少的主食。

▶▶▶ 适用范围

　　出生后的头3个月里，宝宝的唾液分泌得非常少，唾液里的淀粉酶和消化道里的淀粉酶也很少，对淀粉类的食物消化能力非常弱。如果这时候给宝宝喂米粉、米汤等含淀粉比较多的食物，很容易使宝宝过敏，因此，这时候的宝宝是不适合吃大米的。4个月的宝宝可以少量地喂一点稀米粥和米粉，并从少到多、从稀到稠地过渡到稠粥和蒸得很软的米饭。一般来说，5个月以上的宝宝可以喂稠粥，10个月以上的宝宝就可以吃软米饭了。

▶▶▶ 选购支招

好大米米粒整齐饱满，表面富有光泽，闻起来有清香，放到口中嚼的时候能感觉到甜味，大小均匀，没有"腹白"或"腹白"很少（大米腹部不透明的白斑，部分米蛋白质含量较低，含淀粉较多），糠屑、碎米少，没有粘连或结块，也没有生虫和其他杂质。

有些大米的颜色特别白，外表过于鲜亮、光滑，很可能是一些不良商家用矿物油进行上光处理的结果，在购买时一定要仔细鉴别，以免上当。如果在闻或嚼的过程中发现了异味，或是经60℃的热水泡5分钟后能闻到农药味、矿物油味、霉味等气味，都说明大米已经受了污染，不能食用。

陈化米和发黄的大米都不宜给宝宝食用。如果大米的颜色变暗、表面出现灰粉状或白道沟纹、米粒中出现虫尸或被米虫吃空了的碎米，都说明米已经陈化，不要给宝宝吃。

▶▶▶ 烹调与食用注意事项

1.尽量少淘米。大米里所含的B族维生素是水溶性维生素，又大多分布在米的表面部位，如果淘米次数太多，会使大米里的B族维生素随着淘米水流失，降低大米的营养价值。如果大米中没有杂质和灰尘，就可以直接下锅，不需要淘洗。

2.煮粥前先把米泡一泡。没有经过精磨的大米一般很硬，不容易煮软，如果先把米泡上一段时间，煮起来就快多了。但是要注意：泡米的水一定不能扔，要和米一起下锅，因为大米表层的营养成分都在这里呢。

3.用开水煮米。现在的自来水中一般加了氯气，对大米中的维生素B_1具有破坏作用。如果用烧开的水煮米，使氯气提前挥发掉，就可以为宝宝保留更多的营养。

4.煮粥时不要加碱。碱既会使大米中的维生素B$_1$全军覆没，也会破坏维生素B$_2$和叶酸，绝对不要加到给宝宝煮的粥里。只要把大米提前泡一段时间，再多熬一会，自然就会米烂粥稠，口感软滑好喝。

▶▶▶ **黄金搭配**

宜	荞麦	大米中赖氨酸的含量很低，荞麦含有丰富的赖氨酸，能和大米进行互补，提高两者的营养价值
	玉米	单独吃大米，大米中蛋白质的利用率仅为58%；如果按2：1的比例将大米和玉米混合食用，蛋白质的利用率就能提高到71%
	豆类	绿豆、黄豆、黑豆、菜豆等许多豆类都可以和大米搭配。豆类食物里含有丰富的蛋白质和矿物质，同大米相搭配能提高大米中蛋白质的吸收率，为宝宝提供更全面的营养
	水果	既能为宝宝补充能量，又可以为宝宝补充丰富的维生素和矿物质，营养比较全面
	蔬菜	既能为宝宝补充能量，又可以为宝宝补充丰富的维生素和矿物质，营养比较全面

▶▶▶ 推荐辅食

苹果香蕉米糊

适宜范围：4个月以上的宝宝。

原料：婴儿米粉50克，苹果20克，香蕉20克，婴儿配方奶粉2小勺，白开水适量。

制作方法：

1.将苹果洗干净，去皮、核，切成小块备用。香蕉剥皮，用小勺挖成小块备用。

2.把苹果和香蕉一起放到榨汁机或食物绞碎机里，加上60毫升白开水，打成细泥。

3.将打好的果泥装到一个干净的小碗里，加入准备好的米粉和奶粉搅拌均匀即可。

五彩饭

适宜范围：11个月以上的宝宝。

原料：大米50克，猪瘦肉15克，香菇 3朵（干、鲜均可），红萝卜1/3根（60克左右），卷心菜叶（包菜） 20克，高汤适量，植物油10克，盐少许。

制作方法：

1.将大米淘洗干净，用冷水泡1个小时左右。

2.将香菇用温水泡软，去掉菌柄，洗干净后切成小丁备用（如果是鲜香菇不用泡，只洗干净切丁就可以了）。将猪瘦肉洗干净，切成小丁，用盐腌2～3分钟。

3.将胡萝卜洗干净，去掉硬芯，切成小丁备用。将卷心菜叶洗干净切成末备用。

4.先将锅烧热，加入植物油，待油八成热时放入香菇翻炒几下，再依次放入猪肉、胡萝卜、卷心菜翻炒。

5.待菜七成熟时，把泡好的米放入锅里翻炒几下，把所有的材料一起放到电饭锅里，加入高汤，一起煮熟即可。

小米

▶▶▶ 营养分析

小米中含量最高的营养物质仍是碳水化合物。除此之外还含有蛋白质、脂肪、胡萝卜素、维生素等营养物质，其中维生素B_1的含量是所有粮食之中最高的。

▶▶▶ 适用范围

4个月内的宝宝体内的淀粉酶很少，对淀粉类的食物消化能力非常弱，不适合吃小米。4个月后可以从少到多、从稀到稠地为宝宝添加一些稀米汤、米粥等食物。熬小米粥的时候，粥上面漂着的一层黏稠的"米油"营养极为丰富，对帮助宝宝增强胃肠消化功能很有好处。

夏天是宝宝生长最快的季节，这时候的宝宝对各种营养素的需求量也很大，如果脾胃不好，不能及时摄取足够的营养素，将很容易出现营养不良。小米有健脾和胃的作用，对脾胃虚热、容易反胃的宝宝来说是一种理想的食物。

▶▶▶ 选购支招

优质小米米粒大小均匀，颜色呈现出均匀的乳白色、黄色或金黄色，光泽度好，闻起来有清香，尝起来味道微甜，没有任何异味，没有生虫、杂质，也很少有碎米。劣质的小米颜色虽然也是黄的，却大多是一些不良商家用黄色素染成的。严重变质的小米，用手一捻就会被捻碎，碎米多，闻起来有霉变、酸臭、腐败等异味，尝起来不但没有甜味，还有苦、涩的味道，或其他不正常的滋味。

要鉴别染了色的小米，可以取少量小米，放在一张比较软的白纸上，用嘴对着小米哈几口气，然后用纸把小米搓捻几下，再看纸上有没有黄色。如果有黄色，就说明小米是用黄色素染过的。

还可以取一点小米放到一碗清水里，观察水的颜色有没有变化。如果有轻微或较重的黄色，也说明小米是被染过色的。

▶▶▶ 烹调与食用注意事项

1.不要过分淘洗。小米里含有容易溶解在水里的B族维生素，如果淘米次数太多，或是淘米的时候用力搓洗，都会使小米里的B族维生素随着淘米水流失，降低小米的营养价值。

2.用开水煮米。现在的自来水中一般加了氯气，对小米中的维生素B_1具有破坏作用。如果用烧开的水煮小米，就可以为宝宝保留更多的营养。

3.不要加碱。碱会使小米中的维生素B_1全军覆没，大大降低小米的营养价值。

4.不要加太多盐。1岁以内的宝宝肾功能还比较弱，需要严格控制钠的摄入量。给4个月以内的宝宝熬小米粥绝对不能加盐；给4个月以上的宝宝煮小米粥时，也要少加或不加盐。

5.小米粥不宜太稀薄，否则宝宝将不能获取足够的营养。

▶▶▶ 黄金搭配

宜	豆制品	小米中所含的蛋白质氨基酸结构不够理想，赖氨酸的含量偏低，同富含赖氨酸的豆类食物一起吃，有助于弥补小米的不足，提高小米中蛋白质的吸收利用率
	肉类	小米中所含的蛋白质氨基酸结构不够理想，赖氨酸的含量偏低，和富含赖氨酸的肉类食物一起吃，有助于弥补小米的不足，提高小米中蛋白质的吸收利用率

▶▶▶ 推荐辅食

芹菜小米粥

适宜范围：11个月以上的宝宝。

原料：小米50克，小香芹40克，清水适量。

制作方法：

1.将小米淘洗干净，放到锅里，加上适量的水煮粥。

2.将芹菜择洗干净，切成碎末。

3.待粥烧开时将芹菜末放进粥里，用小火熬20分钟，熄火凉凉即可。

面粉

▶▶▶ 营养分析

面粉是指用小麦磨成的粉，所含的主要营养物质是糖类，此外还含有一定量的蛋白质、脂肪、维生素B_1、维生素B_2、维生素PP（尼克酸）、维生素E和钙、铁、磷、钾、镁等矿物质，有养心益肾、健脾厚肠、除热止渴的功效。

▶▶▶ 适用范围

4个月内的宝宝体内的淀粉酶很少，对淀粉类的食物消化能力非常弱，不适合吃麦糊、面条一类的小麦食品。4个月后可以从少到多、从稀到稠地为宝宝添加一些麦糊、软面条等食物。但要注意：小麦是比较容易引起过敏的粮食，如果宝宝属于过敏性体质，就不要急着吃面食，最好等到满8个月，或者1周岁以后再开始吃。

▶▶▶ **选购支招**

正常的面粉（不掺加任何增白剂）色泽乳白或微黄，如果面粉的颜色雪白或灰白，绝大部分是添加了大量的增白剂的结果。正常的面粉闻起来有一股小麦的清香，如果闻到有异味，说明是增白剂添加过量；如果能闻到霉味，说明是用发霉的小麦磨的面粉，面粉已经过期，或已经受到外界环境的污染，就不能用来给宝宝做食物。

▶▶▶ **烹调与食用注意事项**

1.为6个月以内的宝宝制作麦糊、软面条的时候，一定要煮透。这时候宝宝的咀嚼及吞咽能力还没有发育完全，煮的不透容易使宝宝咽不下去，卡在喉咙里。

2.煮比较长的面条的时候最好先用刀子切短或用手撕短，使宝宝更容易食用。

▶▶▶ **黄金搭配**

宜	鸡蛋	鸡蛋营养丰富，鸡蛋面制作方便、营养互补、味道鲜美，很适合宝宝吃
	豆制品	小麦中所含的蛋白质中赖氨酸的含量比较低，蛋氨酸的含量比较高；大豆中所含的蛋白质蛋氨酸的含量比较低，赖氨酸的含量比较高。两者同吃，正好形成营养互补，提高食物的整体营养价值
	叶类蔬菜	小麦中维生素C和胡萝卜素的含量比较低，蔬菜中含有丰富的维生素和胡萝卜素，正好可以补充小麦的不足
	肉类	同吃的时候营养互补，可以增加小麦的滋补强身作用

▶▶ 推荐辅食

乌龙面糊

适宜范围：4个月以上的宝宝。

原料：乌龙面10克，水1/2杯（150毫升左右），蔬菜泥适量。

制作方法：

1. 将乌龙面倒入沸水里煮熟，捞起备用。

2. 把煮好的乌龙面加水一起倒入一个干净的小锅里捣烂，煮开。

3. 加入少量蔬菜泥，搅拌均匀即可。

香菇肉末面

适宜范围：11个月以上的宝宝。

原料：龙须面（挂面也可以）1小把（约50克），猪瘦肉30克，香菇（干、鲜均可）2朵，嫩卷心菜叶1片（30克左右），植物油10克，高汤适量，盐少许。

制作方法：

1. 将香菇用温水泡发，洗干净泥沙，切成小丁备用（鲜香菇只要洗净切丁即可）。

2. 将猪瘦肉洗净，切成肉末备用。将卷心菜叶洗净，切成菜末备用。

3. 锅内加入高汤，煮开，下入面条煮软。

4. 在煮面的时候，另起锅加入植物油，下入肉末、香菇、卷心菜末炒香。

5. 面条锅内加入炒好的肉菜末，再煮2～3分钟，放盐调味即可。

> 燕麦

▶▶ 营养分析

　　燕麦是谷物中最好的全价营养食品。它的蛋白质和脂肪（主要是不饱和脂肪酸）含量在谷物中均居首位，但糖类的含量比较低。其中具有增智与健骨功能的赖氨酸含量是大米和小麦面的2倍以上，具有预防贫血作用的色氨酸的含量也高于大米和面粉。此外，燕麦还含有丰富的维生素B_2、维生素E和磷、铁、钙等矿物质。

▶▶▶ 适用范围

燕麦里含的粗纤维比较多，不容易消化，也容易使宝宝过敏，最好晚一点，至少9个月以后再给宝宝吃。过敏体质的宝宝在吃燕麦的时候更要小心，一定要从少量开始慢慢添加，并要注意观察有没有过敏反应。另外，燕麦片的"湿气"比较重，胃肠湿热的宝宝吃了会出现排便不通畅的现象，最好要少吃。燕麦里所含的纤维素具有刺激胃肠蠕动、促进排便的作用，便秘的宝宝可以适当地吃一些，能够缓解便秘症状。

▶▶▶ 选购支招

首先要分清"燕麦片"和"麦片"的区别。纯燕麦片是由燕麦粒制成的，外观呈扁平状，直径约相当于黄豆粒，形状完整。即使是经过处理的速食燕麦片也能看出燕麦原来的形状。麦片则是由小麦、大米、玉米、大麦等谷物混合而成的，燕麦片只占一小部分，有的甚至根本不含燕麦片。

最好选择颗粒大小差不多的燕麦片，这样煮成的燕麦粥溶解程度相同，不会产生粗糙的口感。

有的麦片里添加了麦芽糊精、砂糖、奶精（植脂末）、香精等添加剂，不但降低了麦片的营养价值，还会对宝宝的健康和生长发育产生干扰作用，妈妈们在购买的时候一定要看清成分，不要购买燕麦含量过低、含有添加剂的麦片。

不要选择透明包装的燕麦片。因为这样的包装不但其中的麦片容易受潮，也容易使营养成分流失。最好选择用锡纸包装的燕麦。一定要注意看包装上的蛋白质含量，如果含量在8%以下，说明燕麦片的比例过低，必须和牛奶、鸡蛋、豆制品等蛋白质丰富的食品一起食用。

▶▶▶ 烹调与食用注意事项

1.不得用水淘洗燕麦片，否则会使燕麦里所含的水溶性维生素大量流失。

2.不管是煮燕麦片粥，还是用燕麦打浆，都不要加食盐和糖。

3.一定要避免长时间用高温炖煮，以防止燕麦中所含维生素遭到破坏。正确的吃法是：生燕麦片煮20～30分钟；熟燕麦片煮5分钟；熟麦片如果和牛奶一起煮，则只需要3分钟。

4.用牛奶煮麦片的时候，中间最好搅拌一次，以防止煳锅。

▶▶▶ 黄金搭配

宜	牛奶	燕麦含有丰富的蛋白质、碳水化合物和纤维素，牛奶含有丰富的蛋白质；两者相加，能为宝宝提供更全面均衡的营养
	鸡蛋	燕麦里所含的植物蛋白和鸡蛋里所含的动物蛋白能够实现营养互补，提高燕麦中蛋白质的吸收利用率
	水果	可以补充燕麦所缺少的维生素C，实现营养互补
	玉米	燕麦富含B族维生素和纤维素，同玉米搭配，B族维生素更加丰富，有利于促进宝宝体内糖和脂肪的代谢
	红豆	红豆所含的蛋白质属于不完全氨基酸，和同样富含蛋白质的燕麦同煮，能起到蛋白质互补的作用，提高红豆中蛋白质的吸收利用率

▶▶▶ 推荐辅食

水果麦片粥

适宜范围：9个月以上的宝宝。

原料：速溶麦片2大勺（60克左右），牛奶或配方奶60毫升，香蕉1/4根（20克左右），清水适量。

制作方法：

1.将香蕉剥去皮，切成碎末备用。

2.将麦片放到锅里，加入牛奶（或配方奶）和适量的清水，用小火煮5分钟左右。

3.加入香蕉末，再煮1～2分钟，边煮边搅拌，熄火即可。

鸡蛋燕麦粥

适宜范围：9个月以上的宝宝。

原料：燕麦30克，大米50克，新鲜鸡蛋1个（约60克），新鲜绿叶蔬菜20克左右，香油、清水各适量。

制作方法：

1.先用水把燕麦泡上一个晚上，再放到榨汁机里打成糊；将大米淘洗干净，先用冷水泡2个小时左右。

2.将绿叶蔬菜洗干净，放入开水锅中汆烫一下，捞出来沥干水，切成碎末备用。

3.将鸡蛋洗干净，打到碗里，用筷子搅散。

4.锅内加水，水开后加入泡好的大米和燕麦，用小火煮至黏稠，边煮边搅拌。

5.加入切好的蔬菜末，煮至熟软；将蛋液缓缓地倒入锅里，再一边搅拌，一边用小火煮开。淋上香油，搅拌均匀即可。

宝宝最爱吃的蔬菜

红薯

▶▶▶ 营养分析

红薯含有丰富的糖类、膳食纤维、胡萝卜素、维生素A、B族维生素、维生素C、维生素E以及钾、铁、铜、硒、钙等营养素，营养价值很高，不足之处是缺少蛋白质和脂肪。但这一不足完全可以通过和其他食物的搭配来进行弥补。比如和牛奶进行搭配，既能补足营养，又有利于进食，还可以增加甜味。

▶▶▶ 适用范围

4个月以内的宝宝是不能吃红薯的。因为这时候的宝宝体内的淀粉酶很少，对淀粉类食物的消化能力比较弱，而红薯里面的淀粉含量比较高，很容易造成宝宝消化不良。4个月以后的宝宝可以少量地吃一点红薯，但是一定要煮得软烂一些，并最好和其他食物搭配起来吃。另外，红薯容易使人胀气，脾胃不好、容易积食的宝宝最好还是不要吃红薯，免得引起不适。

▶▶▶ 选购支招

买红薯的时候，应该注意选那些外表干燥、外皮硬实、须根不多、两头丰满的品种。外皮有变色、发霉、发软、须根多、中段不丰满的红薯，质量、口感都不好，不适合给宝宝做食物。注意，不要用塑料袋等不透气的东西装红薯，避免红薯霉变、腐烂。

▶▶▶ 烹调与食用注意事项

1.绝对不能用长了黑斑的红薯给宝宝做食物。这种红薯会产生毒素，危害宝宝的肝脏。这些毒素的耐热性很强，即使用煮、蒸等方法也不能被破坏。所以，绝对不要给宝宝吃长了黑斑的红薯。

2.一定要蒸熟煮透。这是因为红薯中淀粉的细胞膜和"气化酶"不经高温破坏，难以消化，宝宝吃了以后会感到不舒服。

3.宝宝一次的食用量最好在10克以内，否则容易胀气。

4.最好在午餐时吃。因为红薯里的钙质需要经过4~5个小时才能被人体吸收，而吃完红薯后去晒晒太阳，宝宝自身合成的维生素D正好可以促进钙的吸收。

▶▶▶ 黄金搭配

宜	牛奶	红薯里所含的蛋白质和脂肪比较少，牛奶中含有丰富的蛋白质和脂肪，正好可以营养互补
	淀粉类食物	红薯含有"气化酶"；吃了以后容易使人胀气、泛酸，和含淀粉比较多的米、面等食物一起吃可以避免出现这种情况
	莲子	红薯和莲子一起煮成粥，具有预防便秘的作用

▶▶▶ 推荐辅食

红薯泥

适宜范围：5个月以上的宝宝。

原料：新鲜红薯1/4个（50克左右），清水适量。

制作方法：

1. 将红薯洗净，去皮，切成小块，放到锅里煮或蒸15分钟左右。
2. 把煮熟或蒸好的红薯用小勺捣成泥。
3. 稍凉一会，就可喂给宝宝。

红薯蛋黄粥

适宜范围：8个月以上的宝宝。

原料：红薯1/6块（30克左右），新鲜鸡蛋1个（约60克），米粉3勺（30克左右），温开水200毫升。

制作方法：

1. 将红薯洗干净，去皮，炖烂，并捣成泥状。
2. 将鸡蛋洗干净，煮熟，取出蛋黄，捣成蛋黄泥。
3. 将米粉用温开水调成糊状，倒入锅内，加入红薯泥，用小火煮5分钟，边煮边搅拌。
4. 加入蛋黄调匀即可。

菠菜

▶▶▶ 营养分析

菠菜的茎叶柔滑软嫩，味美色鲜，不仅含有大量的胡萝卜素和铁质，还是维生素B_6、叶酸和钾的良好来源。此外，菠菜还含有比较多的蛋白质和钙、磷等矿物质，是一种营养价值极高的蔬菜。

▶▶▶ 适用范围

菠菜口感柔软，营养丰富，很适合刚添加

辅食的宝宝吃。因为菠菜里含有大量的铁，很多妈妈都把菠菜作为帮宝宝预防缺铁性贫血的重要食物。但需要注意的是：菠菜里虽然含有大量的铁，却很难被小肠吸收，再加上菠菜中还含有大量的草酸，能够和其中的铁起反应，形成沉淀物，从而失去预防贫血的作用。因此，为宝宝补铁的时候，不能只吃菠菜，还要吃其他富含铁质的食物，否则不但达不到补铁的目的，反而可能影响宝宝的生长发育。

▶▶▶ 选购支招

绿叶蔬菜是否新鲜，会在很大程度上影响它的味道和营养价值。因此，在购买的时候，要选择叶片颜色深绿、有光泽、叶片尖充分舒展且分量充足的菠菜。还可以看看它的根部是不是新鲜水灵。如果菠菜的叶片变黄、变黑、变软、萎缩，茎干受损，最好不要买。

菠菜的季节性很强，从第1年10月至第2年4月，近半年的时间里均有菠菜上市。早秋菠菜草酸含量比较高，吃起来有涩味；晚春的菠菜抽薹比较多，口感不太好；冬至（12月下旬）到立春（2月上旬）之间的菠菜才是品质最佳的。在购买菠菜的时候，有时你会看到菠菜的叶子上有黄斑，叶子背面有灰毛，这表示菠菜感染了霜霉病，最好不要购买。

▶▶▶ 烹调与食用注意事项

菠菜中含有大量草酸，能和宝宝体内的钙和锌结合生成草酸钙和草酸锌，降低钙和锌的利用率。在给宝宝吃菠菜的时候，一定要先把菠菜放到沸水中焯过，去掉大部分草酸再进行烹调。

因为菠菜里的维生素C会随着时间的推移逐渐流失，购买菠菜后应该尽快食用，不要储存太久。为了防止干燥，可以用湿纸包好装入塑料袋，或用保鲜膜包好，放在冰箱里，在2天之内可以保证菠菜的新鲜。

▶▶▶ 黄金搭配

宜	胡萝卜	菠菜能促进胡萝卜中的胡萝卜素转化为维生素A，为宝宝进行补充
	猪肝、动物血	猪肝和菠菜都有补血功能，一荤一素搭配，能使两者的补血效果都得到提高，有效地帮助宝宝预防贫血
	海米	可以养血润燥，补肾壮阳，促进宝宝的生长发育
	鸡蛋	可以为宝宝提供全面的营养，既能预防贫血，又能防止营养不良
	海带、水果	能促进宝宝体内草酸钙的排除，防止结石的生成

▶▶▶ 推荐辅食

菠菜蛋黄粥

适宜范围：8个月以上的宝宝。

原料：新鲜菠菜叶30克左右，新鲜鸡蛋1个（约60克），大米50克，植物油5克，高汤适量，清水适量。

制作方法：

1. 将大米淘洗干净，先用冷水泡2个小时左右。
2. 将菠菜洗净，放到开水锅里焯2分钟，用刀剁成碎末或放到榨汁机里打成糊（需要少加一点水）。鸡蛋洗干净，煮熟，取出蛋黄，压成蛋黄泥。
3. 将植物油熬熟备用。
4. 锅里加适量清水，放入大米煮成稠粥。
5. 加入高汤、蛋黄泥，煮3分钟左右，边煮边搅拌。最后加入菠菜糊、熬熟植物油，搅拌均匀即可。

菠菜糊

适宜范围：4个月以上的宝宝。

原料：新鲜菠菜（只取嫩叶）30克，米粉20克，香菇粉少许，清水适量。

制作方法：

1. 将菠菜洗干净，切碎，放入开水中焯2分钟。
2. 将焯好的菠菜用干净的纱布绞出菜汁，或放到榨汁机里打汁。
3. 锅内烧少量水，水开后将调好的糊倒到锅内，边倒边搅拌。
4. 水开后，加入少许香菇粉，淋上3～5滴植物油，用小火再烧1分钟即可。

土豆

▶▶▶ 营养分析

土豆含有丰富的碳水化合物、蛋白质、维生素A、B族维生素、维生素C、纤维素和钙、镁、钾等营养物质，脂肪的含量比较低，具有很高的营养价值，被誉为人类的"第二面包"。土豆中的纤维素比较细嫩，对宝宝的胃肠黏膜不会产生不良刺激，又容易消化，是宝宝预防便秘的理想食物。

适用范围

　　土豆味甘、性平，入脾、胃、大肠经，具有健脾利湿、和胃调中、宽肠通便、解毒消炎的食疗作用，还是治疗消化不良的重要辅助食物，比较适合由于脾胃虚弱而消化不良、食欲缺乏的宝宝，对胃热、大便干燥的宝宝也是很好的食疗食物。

　　需要注意：土豆里含的淀粉比较多，而4个月以内的宝宝由于体内淀粉酶比较少，不能消化土豆中过多的淀粉。想让宝宝吃土豆，最好等4个月后，宝宝对淀粉类食物的消化能力有所增强的时候再给宝宝添加。

选购支招

　　优质土豆一般外形圆整、表皮光滑结实、大小适中并且相差不大；外皮颜色暗淡、起皱脱皮很多、芽眼多、有霉味、发芽、表皮变绿的土豆都不宜购买。另外最好选购皮薄、芽眼较浅的土豆，因为这样削起皮来会比较方便。

烹调与食用注意事项

　　1.吃土豆的时候一定要削皮。因为土豆皮中含有一种叫"配糖生物碱"的有毒物质，在体内积累到一定数量后会使人中毒，使宝宝出现恶心、腹泻等症状。

　　2.发芽、颜色变绿的土豆不要吃。因为发芽的土豆里含有龙葵碱，会使宝宝中毒。

　　3.土豆切开后容易氧化变黑，只要把切好的土豆泡到冷水里，再向水中滴几滴醋，就可以使土豆保持洁白。但是要注意泡的时间别太长，以免使土豆里的水溶性维生素大量流失，降低土豆的营养价值。

　　4.当年出产的土豆皮薄且软，削起来比较困难，可以将土豆放到一个棉布口袋里，扎紧口，像洗衣服一样用手揉搓几下，就能把皮去净。

▶▶▶ 黄金搭配

宜	猪肉	既可以补充能量和维生素，又可以补充蛋白质，能为宝宝提供丰富而全面的营养
	牛奶	既可以补充能量和维生素，又可以补充蛋白质和钙，能为宝宝提供丰富而全面的营养
	豆角	能帮助宝宝调理消化系统，消除胸闷、腹胀等不适，还能预防急性肠胃炎

▶▶▶ 推荐辅食

土豆苹果糊

适宜范围：4个月以上的宝宝。

原料：土豆1/3个（30克），苹果1/8个（10克），高汤适量。

制作方法：

1.将土豆和苹果洗干净，削去皮（苹果去掉核），切成小块。

2.分别放到锅里煮软，用勺子捣成泥。

3.锅内加入高汤，将土豆泥放进去煮。

4.边煮边搅拌，煮成稀糊状加入苹果泥即可。

火腿土豆泥

适宜范围：6个月以上的宝宝。

原料：土豆100克，瘦火腿10克，黄油2克。

制作方法：

1.将土豆削去皮，洗净，切成小块，放到锅里煮软，用勺子捣成土豆泥。

2.将火腿去皮，除去肥肉，切成碎末待用。

3.将火腿末放到一个小碗里，加入黄油，放入蒸锅蒸熟。

4.把土豆泥盛到蒸火腿的碗里，搅拌均匀，完成。

西红柿

▶▶▶ 营养分析

西红柿含有丰富的多种维生素，主要有维生素B_1、维生素B_2、维生素C等，此外还含有烟酸、胆碱、胡萝卜素、苹果酸、柠檬酸、糖类、蛋白质、钙、铁、磷和谷胱甘肽、番茄红素等营养物质，具有生津止渴、健胃消食的功效。

▶▶▶ 适用范围

西红柿含有苹果酸、柠檬酸等有机酸，能够促使胃液分泌，加强宝宝对脂肪及蛋白质的消化吸收能力，调节肠胃功能。对于肠胃不好、食欲缺乏的宝宝来说是比较理想的食物。它所含的果酸和纤维素有促进消化、润肠通便的作用，可以防治便秘，对大便干燥、容易便秘的宝宝来说也是一种好食物。另外，西红柿还有清热生津、养阴凉血的功效，是发热烦渴、虚火上升的宝宝的食疗佳品。但是，西红柿性凉，具有滑肠作用，得急性肠炎、菌痢的宝宝最好不吃或少吃，以免加重腹泻症状。

▶▶▶ 选购支招

买西红柿的时候，应该选颜色鲜红、果形肥硕、大小均匀、果蒂小、软硬度适中、没有伤裂畸形的西红柿。这样的西红柿一般是自然成熟的，其中所含的营养比较丰富，吃起来口感也比较好。

有的西红柿虽然也是全身通红，但是用手摸起来有硬芯，这说明西红柿在还没成熟的时候就被采摘下来了，鲜红的颜色是被一种叫"乙烯"的植物生长激素催出来的。另外，有的西红柿外观畸形，也可能是过分使用激素的结果，最好也不要选购。此外还要注意，青西红柿及有"青肩膀"（果蒂部青色）的西红柿不仅营养价值低，还可能有毒性，对宝宝的健康不利，最好也别买。

▶▶▶ 烹调与食用注意事项

1.为宝宝制作食物的时候，一定要选熟透了的新鲜西红柿。不熟的西红柿里含有龙葵碱，容易使宝宝中毒，坚决不能给宝宝吃。

2.烧煮西红柿的时候稍加一点醋，能破坏西红柿里的有害物质番茄碱，更有利于宝宝的健康。

3.烹调的时间不要太长，以免造成大量的营养素流失。

▶▶▶ 黄金搭配

宜	鸡蛋	既可以补充维生素，又可以补充蛋白质和脂肪，能为宝宝提供丰富而均衡的营养
	豆腐	能满足宝宝对各种微量元素的最大需要，还能增加西红柿温补脾胃、生津止渴、益气和中的功效

▶▶▶ 推荐辅食

西红柿鱼泥

适宜范围：7个月以上的宝宝。

原料：新鲜西红柿1/3个（30克），新鲜鱼肉50克，高汤适量。

制作方法：

1.将鱼肉除去骨刺，放到碗里，上锅清蒸10～15分钟。

2.待鱼肉冷却后，用干净的筷子挑去鱼皮和细鱼刺，将鱼肉用小勺压成泥状。

3.将西红柿洗净，用开水烫一下，剥去外皮，切成碎末。

4.将高汤倒进锅里，加入鱼肉一起煮5分钟。

5.加入西红柿末，用小火煮成糊状即可。

番茄蛋拌饭

适宜范围：11个月以上的宝宝。

原料：新鲜西红柿半个（50克左右），大米50克，新鲜鸡蛋1个（约60克），土豆1/5个（30克），植物油50克，清水适量。

制作方法：

1.将大米淘洗干净，用冷水泡1个小时左右，放到锅里煮成软饭。

2.将土豆洗干净，削去皮，切成小丁备用；西红柿洗净切丁备用；鸡蛋洗干净，打到碗里，用筷子搅散。

3.平底锅内加入少量植物油，将鸡蛋缓慢地倒入锅里，摊成薄薄的蛋饼。

4.锅内加入植物油，放入土豆丁炒软。

5.米饭盛到碗里，加入西红柿丁、炒好的土豆丁、鸡蛋，用小勺拌匀即可。

胡萝卜

▶▶ **营养分析**

胡萝卜的主要营养素是胡萝卜素（维生素A原），能够在人体内转化成维生素A，为宝宝的生长发育提供帮助。此外，胡萝卜还富含糖类、脂肪、挥发油、维生素B_2、花青素、钙、铁、钾、钠及纤维素等营养成分，营养价值很高。

▶▶ **适用范围**

胡萝卜味甘、性平，有健脾和胃、补益肝肾、清热解毒、透疹、降气、止咳的功效，对胃肠功能不好、便秘、食欲缺乏、咳嗽的宝宝来说是很好的食疗食物。胡萝卜所含的胡萝卜素能够转化成维生素A，对因为维生素A缺乏而患夜盲症的宝宝来说更是不可多得的食疗佳品。胡萝卜还有透疹的作用，对正在出麻疹的宝宝来说也是一种比较好的食物。

▶▶ **选购支招**

胡萝卜以表皮光滑、形状整齐、心小、肉厚、质细味甜、脆嫩多汁、没有裂口和病虫伤害的品种为佳。一般来说，橘红色越深、柱心越细的胡萝卜含的胡萝卜素越多，营养价值也越高。

▶▶ **烹调与食用注意事项**

1.烹调胡萝卜时不要加醋，否则会使其中所含的胡萝卜素遭到破坏，降低胡萝卜的营养价值。

2.有的胡萝卜根部发绿，有苦味，不能吃，最好削去。

3.胡萝卜素摄入过多会使宝宝的皮肤变成橙黄色，所以，一次不要给宝宝吃得太多。

▶▶▶ **黄金搭配**

宜	肉类	胡萝卜里的维生素大多属于脂溶性维生素，只有同含脂肪多的食物在一起烹调才能被宝宝充分吸收。将胡萝卜和猪、牛、羊肉同煮，既减轻了肉的腥味，又提高了胡萝卜的营养价值，一举两得
	山药	可以增强胡萝卜、山药的补益作用，特别适合脾胃虚弱、消化不良的宝宝

▶▶▶ **推荐辅食**

胡萝卜奶羹

适宜范围：10个月以上的宝宝。

原料：新鲜胡萝卜25克，炼乳10克，植物油10克。

制作方法：

1. 将胡萝卜洗干净，切碎，用油炒熟。

2. 把炒好的胡萝卜装到一个小碗里，用小勺捣成泥。

3. 加入炼乳和少量的温开水，搅拌均匀即可。

猪骨胡萝卜泥

适宜范围：6个月以上的宝宝。

原料：新鲜胡萝卜1/2个（90克左右），猪腿骨100克，清水适量。

制作方法：

1. 将胡萝卜洗净，去掉硬芯，切成小块。

2. 将猪骨洗干净，放到煮沸的水中煮5分钟，撇去浮沫。

3. 将胡萝卜加到汤里和猪骨一起至胡萝卜熟。

4. 待汤汁浓稠、胡萝卜酥烂时，捞出猪骨和杂质，用小勺将胡萝卜碾成泥即可。

白萝卜

▶▶▶ 营养分析

白萝卜含有丰富的B族维生素、维生素C和钾、钙、钠、磷、镁等矿物质，具有促进胃肠蠕动、消食化痰、清热解毒、下气宽中的食疗作用。

▶▶▶ 适用范围

白萝卜含有能诱导人体产生干扰素的多种微量元素，增强机体的免疫力，对免疫力比较低、容易生病的宝宝来说是一种比较好的食物。另外，白萝卜还有下气宽中、清热化痰、消积去滞的作用，对积食、咳嗽、痰多的宝宝也具有很好的食疗作用。

要注意：白萝卜性凉，体质偏弱、脾胃虚寒的宝宝最好少吃，避免出现腹泻等症状。

▶▶▶ 选购支招

一般来说，外皮颜色鲜嫩、表皮光滑、不开裂、大小均匀、外形饱满、须根少、没有泥沙和病虫害、不糠心、不黑心、肉质松脆多汁的白萝卜质量比较好，适合为宝宝制作食物。而外皮粗糙、大小不均、有开裂和损伤、有黄叶、抽薹、糠心、肉质绵软的白萝卜属于劣质萝卜，最好不要选用。有些白萝卜的外皮上会有一片片半透明的斑块，这说明受过严重的冻伤，基本上没有什么营养价值，最好也不要买。

▶▶▶ 烹调与食用注意事项

白萝卜各部分的营养成分是不一样的：顶部含维生素C最多，中间部分含糖量较高，尾部含有淀粉酶和芥子油等物质，能够促进消化。在给宝宝用萝卜制作辅食时最好竖着剖开，这样白萝卜的头、腰、尾部的营养搭配比较均衡，能大大提高白萝卜的食用价值。

▶▶▶ **黄金搭配**

宜	羊肉	既有较好的滋补作用，还能够消食顺气，比较适合身体虚弱的宝宝
	牛肉	可以提供丰富的蛋白质、维生素C等营养成分，具有利五脏、益气血的功效，适合消化不良、营养不良的宝宝

▶▶▶ **推荐辅食**

萝卜瘦肉粥

适宜范围：6个月以上的宝宝。

原料：大米50克，新鲜白萝卜1/4个（50克左右），瘦肉30克，清水适量。

制作方法：

1.将大米淘洗干净，用冷水浸泡2个小时。

2.将瘦肉洗干净，剁成细末，放到锅里蒸熟。

3.将萝卜洗净，去掉根须，用刀剁成极细的茸。

4.将大米连水一起倒入锅里，用小火熬1个小时左右。

5.加入肉末，加入萝卜蓉，再煮3分钟，边煮边搅拌，熄火凉凉即可。

白萝卜鱼泥羹

适宜范围：8个月以上的宝宝。

原料：新鲜鱼肉50克，白萝卜1小块（50克），海味汤适量。

制作方法：

1.将鱼肉洗干净，去骨刺，放到锅里蒸熟。

2.取出鱼肉，去鱼皮，用小勺捣成鱼肉泥。

3. 将白萝卜洗净，用干净的擦菜板擦成细丝。

4. 锅内加入海味汤，加入鱼肉泥和白萝卜丝，一起煮至萝卜熟软。

5. 捞出萝卜丝，即可。

卷心菜

▶▶ 营养分析

卷心菜又叫圆白菜或洋白菜，属于甘蓝的变种，我国各地都有栽培。卷心菜含有大量的叶酸、维生素C、纤维素、糖类及钾、钠、钙、镁等矿物质，具有壮筋骨、利关节、和五脏、调六腑的功效。卷心菜里所含的叶酸，对帮助宝宝预防巨幼红细胞性贫血有很好的作用。

▶▶ 适用范围

卷心菜性平、味甘，归脾、胃经，具有很好的补益作用，比较适合由于内热较盛而睡眠不佳、爱口渴、咽喉肿痛的宝宝；还能帮助宝宝增强免疫力，对免疫力差、爱生病的宝宝来说也比较合适。

但是卷心菜含有比较多的粗纤维，较不容易消化，消化功能差、腹泻的宝宝最好不要吃。

▶▶ 选购支招

卷心菜有尖头、平头、圆头三种类型，其中平头、圆头两种类型的质量比较好，尖头型较差。同类型卷心菜中，菜球越紧实的卷心菜质量越好；相同重量的卷心菜相比较，体积越小的质量越好。叶球坚实但顶部隆起的卷心菜开始抽薹，口感、营养都开始变差，也不要买。

▶▶ 烹调与食用注意事项

1. 吃之前一定要充分清洗浸泡，以清除残留在菜叶上的农药和虫卵。可以先将卷心菜切开，放在清水里浸泡1~2小时，再用清水冲洗。也可以在淘米水中浸泡10分钟左右，再用清水冲洗。

2.通常秋天种植的卷心菜具有比较好的抗癌作用，秋冬时期可以多吃一点。

3.卷心菜里的维生素C会随着时间的推移而逐渐流失，最好是现做现吃，一次不要买太多。

4.卷心菜有一种特别的味道，有的宝宝不喜欢。在用卷心菜为宝宝做辅食的时候，最好先用开水烫过再进行下一步制作，以免影响口味。烫卷心菜的时间不要太长，否则会使卷心菜里的维生素C遭到破坏，流失营养。

▶▶▶ 黄金搭配

宜	猪肉	能为宝宝补充大量的尼克酸和其他营养，促进宝宝的生长发育
	海带	卷心菜和海产品同吃，有利于帮助宝宝补碘
	虾、海米	既能帮宝宝补钙，又可以提高宝宝的机体免疫力
	鲤鱼	具有帮助宝宝维持正常血压的作用

▶▶▶ 推荐辅食

卷心菜汁

适宜范围：2个月以上的宝宝。

原料：嫩卷心菜叶1片（50克左右），清水适量。

制作方法：

1.将卷心菜洗干净，放到水中浸泡1个小时，然后切成极细的丝。

2.在锅中装大半锅水，烧开，将卷心菜放进去烫一下，捞出来沥干水。

3.锅内重新加水，烧开，将切好的卷心菜丝放到水中煮1分钟左右。

4.捞出菜丝，将菜汁凉凉，倒入瓶中，就可以给宝宝喝了。

卷心菜西红柿汤

适宜范围：6个月以上的宝宝。

原料：卷心菜心1个（50克左右），新鲜西红柿半个（50克左右），清水适量。

制作方法：

1. 将卷心菜洗干净，放到水中浸泡1个小时。

2. 将卷心菜放进去烫一下，捞出来沥干水。西红柿洗干净，用开水烫一下，除去皮、子。

3. 将卷心菜心切成极细的丝，西红柿切成小块备用。

4. 锅内加水，烧开，先后放入西红柿、卷心菜，用大火煮5分钟左右，即可。

冬瓜

▶▶▶ 营养分析

冬瓜含有丰富的维生素C、蛋白质和钾，钠的含量很低，比较适合需要严格控制钠摄入量的宝宝。此外，冬瓜还含有维生素B_1、维生素B_2、尼克酸、糖类、胡萝卜素、纤维素和钙、磷、铁等矿物质，具有生津止渴、润肺化痰、清热解暑的作用。

▶▶▶ 适用范围

冬瓜性凉，具有清热、祛痰、利水、解毒的作用，最适合在夏天食用，能帮助宝宝抵抗暑热，安全度夏。由于冬瓜具有清热解毒的功效，因体内有热而痰多、咳喘的宝宝，因中暑而腹泻的宝宝也可多吃冬瓜。

但是，脾胃虚寒、肾虚的宝宝则不要多吃冬瓜，以免引起腹泻，或加重原来的不适症状。

▶▶▶ 选购支招

目前市场上出售的冬瓜有青皮、黑皮、白皮三种。黑皮冬瓜肉厚瓤少，可食的部

分比较多，价格却和其他冬瓜一样，比较起来比较划算。

买冬瓜的时候，要挑个头大、瓜条匀称、皮色青绿、瓜皮上带有一层白霜、没有太阳晒伤斑纹、皮比较硬的冬瓜，这样的冬瓜质量比较好。如果冬瓜的外皮发软、肉质松散、瓜肉上有纹路、掂起来很轻，说明冬瓜已经开始变质，最好不要购买。

▶▶ 烹调与食用注意事项

1.冬瓜性凉，一定要煮熟了再给宝宝吃。

2.吃的时候要去皮去瓤。

▶▶ 黄金搭配

	鸡肉	营养丰富，搭配合理，还具有清热、消肿、补中益气的功效
宜	火腿	能为宝宝补充丰富的蛋白质、脂肪、维生素C和钙、磷、钾、锌等营养素
	海带	具有很强的清热解暑功效

▶▶▶ 推荐辅食

冬瓜肉末面

适宜范围：8个月以上的宝宝。

原料：冬瓜肉30克，猪瘦肉20克，龙须面一小把（50克左右），植物油5克，高汤适量，清水适量。

制作方法：

1.将冬瓜洗净，去皮，切成小块，在沸水中煮熟。

2.将猪瘦肉洗净，用刀剁成末。

3.炒锅内加植物油，烧热，下入肉末炒熟。

4.将煮熟的冬瓜剁成冬瓜茸。

5.锅内加适量的清水，待水烧开时把龙须面折成小段下锅，煮软。

6.加入肉末、冬瓜及高汤，先用大火煮开，再用小火焖煮至面条烂熟即可。

豌豆（荷兰豆）

▶▶▶ 营养分析

豌豆营养丰富，仅在豆粒中就含有20%~24%的蛋白质，50%以上的糖类，还含有脂肪、维生素C、烟酸、叶酸、钙、磷、钾、镁、纤维素等营养物质。此外还含有止杈酸和植物凝素等物质，具有抗菌消炎、增强新陈代谢的功效。

豌豆分硬荚和软荚两种。软荚豌豆为荷兰豆，烹调后颜色翠绿，清脆利口，是很多人喜爱的食物。

▶▶▶ 适用范围

豌豆性味甘平，入脾、胃经，具有补中益气、止泻痢、消痈肿等功效，比较适合脾胃不好，容易呕吐、泻痢的宝宝，还可以帮助宝宝预防便秘。此外，豌豆还是铁和钾的良好来源，对缺铁性贫血导致缺钾而免疫力低下的宝宝来说更是非常好的食疗食物。

▶▶▶ 选购支招

选购豌豆首先要看豌豆是否新鲜，这时可以抓一把豌豆握一下：如果豆荚沙沙作响，说明豌豆很新鲜；如果没有响声，说明新鲜度不高。还要注意观察豌豆的外形。如果荚果（豆粒处凸出来的部分）呈扁圆形，表示豌豆正处在最佳成熟期；如果荚果呈正扁圆形，豌豆背上的"筋"已经凹了进去，说明豌豆已经太老，最好不要选用。

▶▶▶ 烹调与食用注意事项

1.豌豆适合和富含氨基酸的食物一起烹煮，这样会使豌豆的营养价值得到很大的提高。

2.一定要把豆粒的皮去掉，挤成泥再给宝宝吃，绝不能给宝宝吃整粒的豌豆，否则容易使宝宝呛到气管内。

▶▶▶ 黄金搭配

宜	蘑菇	可以消解油腻，增进宝宝的食欲

▶▶▶ 推荐辅食

豌豆粥

适宜范围：5个月以上的宝宝。

原料：豌豆5～8粒，肉汤1/2杯（100毫升左右），米饭1/4碗（50克左右），开水适量。

制作方法：

1.豌豆洗净，放到榨汁机或食物料理机里打成粉。

2.将打好的豌豆粉放到锅里，加入开水煮成糊状。

3.加入高汤和米饭一起煮，边煮边搅拌，待粥黏稠时停火即可。

虾仁豆腐豌豆粥

适宜范围：9个月以上的宝宝。

原料：鲜豌豆20克，虾仁20克，嫩豆腐30克，大米50克，植物油5克，高汤适量。

制作方法：

1.将大米淘洗干净，先用冷水泡2个小时左右。

2.将虾仁洗干净，煮熟，剁成碎末。

3.将鲜豌豆洗干净，加水煮熟，捣成泥备用。

4.嫩豆腐洗净剁碎备用。

5.将植物油熬熟备用。

6.锅里加适量清水，将大米放入煮成比较稠的粥。先加入虾仁、豌豆、高汤煮15分钟，再加入豆腐煮5分钟左右，边煮边搅拌。最后加入植物油，搅拌均匀即可。

茄子

▶▶ 营养分析

茄子含有蛋白质、脂肪、碳水化合物、维生素及钙、磷、铁等多种营养成分，特别是维生素PP的含量很高，能够帮助宝宝增强对传染病的抵抗力。同富含维生素C的食物一起烹煮时，能大大提高维生素C在人体内的消化吸收率。茄子里还含有比较丰富的维生素E，对宝宝的生长发育具有很好的促进作用。

▶▶ 适用范围

茄子属于寒凉性质的食物，有助于清热解暑，比较适合在夏天吃。体质燥热，容易长痱子、生疮、大便干燥及患湿热黄疸的宝宝吃茄子也比较合适，有利于清除内热，恢复健康。但脾胃虚寒、容易腹泻的宝宝则不要多吃，否则会加重原来的症状。

▶▶ 选购支招

在挑选茄子的时候，只要注意四个方面，就能买到既新鲜又好吃的优质茄子。

颜色：优质茄子的表皮通常颜色较深，色泽也更加均匀。比如，紫茄子上不能有白色的纹路，哪怕只有一点点，都是变老的征兆；白茄子当然得特别白，如有黄丝、斑点，则口感肯定不好。

光滑度：表皮越光滑的茄子越新鲜，表皮萎缩、起皱是茄子缺水或搁置太久的特征。

弹性：茄子并不是越软越好，而应该是软硬适中。买的时候可以用手指在几个不同的部位轻轻按几下，能感觉到肉质厚实和弹性的茄子就是优质茄子。

重量：老茄子皮厚肉紧，肉坚子实，重量自然比较大，这时候的茄子不但口感不好，营养价值也会降低，当然不能买。所以，买茄子的时候最好先用手掂一掂，如果感到沉甸甸的，肯定是老茄子，就别买了。

▶▶ 烹调与食用注意事项

1.老茄子，尤其是秋后的老茄子含有较多茄碱，对人体有害，绝对不能给宝宝吃。

2.一般的茄子种植过程中都会使用很多农药，容易在茄子外皮上造成农药残留，烧茄子前一定充分浸泡和清洗，把残留的农药清理干净。

3.茄子的皮上有一层脂质，对茄子具有保护作用，如果不是马上吃就不要清洗，以免使这层脂质遭到破坏，加快茄子的变质速度。

4.茄子切开后如果长时间在水中浸泡，会使茄子里的营养物质溶解在水中，白白流失掉。所以，茄子要在下锅之前切，避免浸泡，切开后要尽快烹调。

▶▶ 黄金搭配

宜	肉类	可以补血，稳定血压，还可以预防紫癜

▶▶ 推荐辅食

肉末茄泥

适宜范围：7个月以上的宝宝。

原料：圆茄子1/3个（50克左右），猪瘦肉50克，水淀粉适量，香油3～5滴。

制作方法：

1. 将猪瘦肉洗净，剁成肉末，加上水淀粉拌匀。

2. 放到锅里，加少量的水煮软。

3. 将圆茄子在离蒂2/3的地方横切一刀，取切下来的1/3。

4. 削去茄子皮，把切口部分朝上放到碗里，放上腌好的肉末，放到蒸锅里蒸20分钟左右。

5. 待茄肉蒸熟烂后取出来，淋上香油，搅拌均匀即可。

南瓜

▶▶▶ 营养分析

　　南瓜营养丰富，含有大量的糖类、蛋白质、胡萝卜素、叶酸、维生素C、维生素K和钾、钙、磷等营养成分，不仅有较高的食用价值，还有不可忽视的食疗作用。南瓜里所含的钴，是胰岛素合成必需的微量元素；南瓜里含的果胶可以保护胃肠道黏膜，还有助于预防和治疗便秘。南瓜里还含有丰富的锌，能够参与人体核酸、蛋白质的合成，为宝宝的生长发育提供帮助。

▶▶▶ 适用范围

　　南瓜含有丰富的果胶，能吸附和消除体内的细菌毒素和其他有害物质，对因为感染了细菌和病毒而出现腹泻的宝宝很有好处。另外，南瓜里的一些成分还可以促进胆汁分泌，加快胃肠蠕动，对消化不良的宝宝也有很大的帮助。南瓜里所含的甘露醇有通便的作用，是便秘宝宝的理想食物。但是南瓜性温，又容易阻滞气机，胃热、容易腹胀的宝宝最好少吃。

▶▶▶ 选购支招

　　好的南瓜大多有这样的特征：瓜梗新鲜、坚硬，连着瓜身；瓜体圆弧饱满，瓜皮比较硬，覆盖着一层果粉，没有破损，没有蜂蜇、虫咬、摔伤的痕迹。挑选的时候可以用指甲掐一下外皮，如果未留下指印，就是已经成熟了的南瓜，品质会比较好。

▶▶▶ 烹调与食用注意事项

　　1.南瓜本身含有比较多的水分，在烹调的时候注意不要放太多水。
　　2.不能天天吃，否则宝宝可能会因为维生素A摄入过量而变成"黄皮"宝宝。

▶▶▶ 黄金搭配

宜	大枣	有补中益气、收敛肺气的功效，特别适合体质虚弱的宝宝
	红小豆	对于感冒、胃痛、咽喉痛及百日咳有一定的食疗作用
	牛肉	具有补脾益气、解毒止痛的功效

▶▶▶ 推荐辅食

清甜南瓜粥

适宜范围：5个月以上的宝宝。

原料：南瓜一小块（30克），大米50克，清水适量。

制作方法：

1.将大米淘洗干净，放在干粉机里打碎。

2.将南瓜捣成茸。米加适量的水煮成稀粥。

3.将南瓜茸放进稀粥里，边煮边搅拌5分钟即可。

鸡肉南瓜泥

适宜范围：6个月以上的宝宝。

原料：南瓜1小块（50克左右），鸡胸肉50克，清水适量。

制作方法：

1.将鸡肉洗干净，剁成碎末，放到锅里蒸熟。

2.将南瓜洗净，切成碎末备用。虾皮剁成碎末。

3.锅内加水，下入南瓜末煮软，加入鸡肉末，煮5分钟左右，搅拌均匀即可。

香菇

▶▶▶ 营养分析

　　香菇是我国食用历史悠久的优良食用菌，因为味道鲜美，营养丰富，被称为"菇中之王"。香菇具有高蛋白、低脂肪、多糖、多氨基酸和多维生素的营养特点，每100克可以食用的干香菇含有54克糖类、13克蛋白质、1.8克脂肪、18.9毫克尼克酸、1.13毫克维生素B_2、415毫克磷、124毫克钙、25.3毫克铁等营养物质。香菇还含有可以转化成维生素D的麦角固醇，是一般的蔬菜所没有的。

▶▶ 适用范围

香菇有补肝肾、健脾胃、益气血的功效，还可以化痰、解毒，对消化不良、食欲缺乏、大便干燥、容易便秘的宝宝来说是非常好的食疗品，对贫血的宝宝也有很好的补益作用。但是香菇偏向于黏滞，脾胃虚寒又具有气滞体质的宝宝最好不要吃。

▶▶ 选购支招

香菇以香味浓郁、菇肉厚实、菇面平滑、大小均匀、菇面稍带白霜、菇褶紧实细白、菇柄短而粗、颜色黄褐色或黑褐色，干燥、完整、不发霉的为佳。在购买香菇的时候可以着重看一下香菇的菌盖。如果菌盖顶上有像菊花一样的白色裂纹，菇面又色泽鲜明，朵小、柄短，肉厚质嫩，并有一股浓郁的芳香气味，就是质量最好的香菇，又称为花菇，营养价值最高，比较适合给宝宝吃。有些香菇用水润湿后就发黑，或太过干燥，用手一按就碎，是品质不好的香菇，最好不要购买。

市场上有些鲜香菇长得特别肥大，这大多数是在种植的时候使用了激素的结果。这样的香菇会对人体产生不好的影响，最好不要给宝宝吃。

▶▶ 烹调与食用注意事项

1.香菇的鲜味主要来自于菌盖里所含的乌苷酸，在泡发干香菇的时候最好用30~40℃的温水，并且要多泡一会，使乌苷酸充分溶解，烹调出来的香菇味道才鲜美。如果泡的时候在水里加一点白糖，更能使乌苷酸充分释放，味道会更好。

2.香菇里的泥沙主要藏在菌盖的褶皱里。洗香菇时，只要用几根筷子或手指在水中朝一个方向旋搅，香菇里的泥沙会随着旋搅而落下来。反复旋搅几次，就能把泥沙彻底洗净。但是不能用手抓洗，也不能朝相反的方向来回旋搅。否则不仅菌褶里的沙粒落不下来，已经落下来的沙粒还会被水流重新卷到菌褶中。

3.麦角固醇只有在紫外线的照射下才能转化成维生素D。目前市场上的干香菇大多是用人工加热烘干的，买来后最好先在太阳下晒一晒再吃。或者吃完香菇后到室外晒晒太阳，也能促进维生素D的生成。

▶▶▶ 黄金搭配

宜	肉类	不仅口味好，还能促进肉类中所含的动物蛋白和脂肪的消化吸收，减轻宝宝胃肠道的负担
	油菜	有增强人体免疫力、预防癌症的功效
	金针菇	可以防治肝、胃肠道疾病，增强记忆力，促进宝宝的生长发育
	豆腐	能为宝宝补充全面而均衡的营养
	扁豆	能帮助宝宝提高免疫力

▶▶▶ 推荐辅食

香菇鸡肉粥

适宜范围：7个月以上的宝宝。

原料：香菇2朵（干或鲜均可），大米50克，鸡胸肉50克，嫩油菜50克，食用植物油10克。

制作方法：

1.将大米淘洗干净，先用冷水浸泡2个小时。将干香菇洗净，用温水泡发（鲜香菇不用泡，洗干净就可以了）。

2.将鸡胸肉洗净，剁成肉末，放入油锅内炒成肉末。

3.将油菜洗净，只取油菜叶，用刀剁成极细的菜末；将准备好的香菇剁成碎末。

4.锅内加入植物油，待油八成热时下入鸡肉末、香菇，翻炒均匀。

5.锅里加入适量的水，加入大米煮成稀粥，加入炒好的香菇鸡肉末和切好的油菜，再用小火煮10分钟左右，边煮边搅拌，至油菜变得软烂时熄火即可。

山药

▶▶▶ 营养分析

山药又名薯蓣，既可以作粮食，又可作蔬菜，具有健脾益胃、益肺止咳、补肾固精、聪耳明目、和五脏、强筋骨的功效，自古以来就被人们看成是物美价廉的补虚佳品。山药里含有黏蛋白、淀粉酶、皂苷、游离氨基酸、多酚氧化酶等多种活性物质，还含有赖氨酸、组氨酸等多种氨基酸，能够帮助宝宝增强免疫力，促进消化和吸收，是不可忽视的滋补保健食品。

▶▶▶ 适用范围

山药是对肺、脾、肾三脏都有益处的滋补佳品，具有滋养强壮、助消化、止泻的作用，对消化不良、脾虚腹泻的宝宝尤其有好处。还可以对宝宝泌尿系统进行调节，治疗夜尿及尿频。但是需要注意的是：山药具有收敛作用，患感冒、大便干燥的宝宝最好少吃或不吃，以免加重不适的症状。

▶▶▶ 选购支招

买山药的时候，表皮是需要我们关注的重点。新鲜的山药表皮比较光滑，颜色呈自然的皮肤色，没有斑点。表皮上有斑点的山药已经感染了病害，营养价值已经降低，最好不要购买。另外，还要选茎干笔直、粗壮，拿到手中有一定分量的山药，这样的山药营养比较丰富，比较适合宝宝吃。

▶▶▶ 烹调与食用注意事项

1.好的山药外皮无伤，带黏液，断层雪白，黏液多，水分少。

2.山药质地细腻，味道香甜，但外皮具有麻、刺等异常口感，在吃的时候最好削掉皮再烹调。

3.山药皮容易使人皮肤过敏，在削皮的时候还要注意手不要乱碰，削完皮要马上多洗几遍手，以免山药皮的物质碰到皮肤，使皮肤发痒。

4.切山药的时候也要注意，山药里面所含的黏液极容易造成滑刀伤手。切之前可以先用清水加一点醋把山药洗一洗，可以减少黏液。

5.大便干燥的宝宝不要吃。

▶▶▶ 黄金搭配

宜	鸭肉	鸭肉可以补阴、清热、止咳，山药的补阴作用更强，两者搭配，具有很好的补肺作用
	芝麻	山药和芝麻搭配，可以增强芝麻的补钙功效

▶▶▶ **推荐辅食**

山药鸡蓉粥

适宜范围： 8个月以上的宝宝。

原料： 山药30克，大米50克，鸡胸肉10克，清水适量。

制作方法：

1. 将大米淘洗干净，放到冷水里泡2个小时左右。

2. 将鸡胸肉洗净，剁成极细的茸，放到锅里蒸熟。

3. 将山药去皮洗净，放入开水锅里氽烫一下，切成碎末备用。

4. 将大米和水一起倒入锅里，加入山药末，煮成稠粥。

5. 加入鸡肉泥，再煮10分钟左右，边煮边搅拌，待粥熟烂即可。

金黄山药蒸饭

适宜范围： 11个月以上的宝宝。

原料： 大米50克，新鲜山药25克，南瓜1小块（30克），清水适量。

制作方法：

1. 将大米淘洗干净，用冷水泡1个小时左右。

2. 将南瓜洗干净，去掉皮和子，切成小丁备用。

3. 将山药削皮，洗干净，切成小丁。

4. 将泡好的大米和南瓜丁、山药丁合在一起搅拌均匀，加入适量的水（与大米的比例为2：1），放到蒸锅里蒸熟即可。

宝宝最爱吃的水果

苹果

▶▶ 营养分析

苹果含有丰富的糖类、蛋白质、脂肪、维生素C、胡萝卜素、果胶、单宁酸、有机酸以及钙、磷、铁、钾等营养物质，具有生津止渴、润肺除烦、健脾益胃、养心益气、润肠止泻等功效，还可以预防铅中毒。

▶▶ 适用范围

苹果具有生津、润肺、清热、解暑、开胃、止泻的功效，比较适合消化不良、便秘、慢性腹泻、贫血和体内维生素缺乏的宝宝吃。

▶▶ 选购支招

买苹果时，最好挑大小适中、果皮光洁、颜色艳丽、无虫眼和损伤、肉质细密、气味芳香、既不太硬也不太软的苹果。太硬的苹果采摘的时候还没有成熟，口味、营养都有欠缺；太软的苹果熟得过了头，也不好。

还有两个比较简单的办法：一个是看苹果的根部，根部发黄的苹果一般比较甜；第二个是用手掂重量，重量轻的苹果肉质松绵，一般质量也不太好。

▶▶ 烹调与食用注意事项

1.将削了皮的苹果浸到凉开水里，可以防止果肉氧化，使苹果清脆香甜。

2.苹果泥或苹果汁中如果添加了胡萝卜，就会特别容易变质，最好是一次性吃完，一定不要存放。

▶▶▶ 黄金搭配

宜	牛奶	可以清凉去热，生津解渴
	鱼肉	营养丰富，美味可口，还有止泻的作用
	猪肉	既能消除猪肉的腥味，又可以增加营养

▶▶▶ 推荐辅食

杏仁苹果豆腐羹

适宜范围：6个月以上的宝宝。

原料：新鲜苹果半个（50克左右），豆腐1小块（50克左右），甜杏仁5～8粒，鲜冬菇4只（30克左右），香油3～5滴，水淀粉适量，清水适量。

制作方法：

1.将豆腐放到开水锅里汆烫一下，捞出来沥干水分，切成碎末；冬菇洗干净，用刀切成碎末待用；苹果洗干净，切成小块，放到榨汁机里打成糊；杏仁洗净，打成糊。

2.锅里加入150毫升清水，用旺火烧开，下入豆腐和冬菇，煮至熟烂，用水淀粉进行勾芡，加入香油调味。

3.熄火，等豆腐羹凉凉后，加入准备好的苹果糊和杏仁糊，搅拌均匀即可。

梨

▶▶▶ 营养分析

　　梨鲜嫩多汁，酸甜适口，除了含有糖类、胡萝卜素、B族维生素、维生素C、维生素E、叶酸、钾、磷、钙、镁等营养物质外，还有清心润肺、养阴润燥、祛痰止咳等食疗作用。梨中所含有的果胶，有促进消化、帮助宝宝预防便秘的作用。

梨性凉，具有清热、化痰、生津、润燥的作用，对热病伤阴或阴虚导致的干咳、口渴、便秘等症状有很好的食疗作用，咳嗽、痰多、痰黄、咳喘、容易烦躁、容易口渴的宝宝适当地吃点梨是非常有好处的。由于梨含有多种维生素和微量元素，对呼吸道感染有很好的辅助治疗作用；患感冒的宝宝也可以适当地吃点梨，有助于早日恢复健康。需要注意的是，梨属于凉性水果，脾胃虚寒的宝宝最好少吃梨，以免引起腹泻。

▶▶▶ 选购支招

梨有两种，一种是"雄梨"，肉质粗硬，水分较少，甜度差，一般不推荐购买；另一种是"雌梨"，肉质细嫩，水分多，口感甜脆，买来吃比较合适。雄梨和雌梨的区别很明显，只看外形就可以分得很清楚了：雄梨上小下大，外形像比较高的馒头，花脐处有凹凸，外表没有锈斑；雌梨外形像等腰三角形，花脐处只有一个很深并有锈斑的凹形坑。

挑好了品种，再来看质量。优质梨的果实新鲜、饱满，果形端正，大小均匀，果皮薄细并富有光泽，肉质细嫩，汁多，味甜或酸甜（因品种而异），没有霉烂、冻伤、病害和机械伤痕。如果梨的果形不端正，没有果柄，表皮粗糙不洁，刺痕、划痕、碰伤或压伤的痕迹比较多，并且有病斑或虫咬的伤口，果肉粗硬，汁液少，味道淡薄或有酸、苦、涩等味道的梨质量比较差，最好不要购买。

吃梨时不要喝开水。因为梨性凉，开水性热，一冷一热刺激肠道，会导致腹泻。

▶▶▶ 黄金搭配

宜	百合	可以滋阴润肺，缓解咳嗽症状
	冰糖	可以祛火，也有一定的润肺功效

▶▶▶ 推荐辅食

雪梨水

适宜范围：4个月以上的宝宝。

原料：新鲜雪梨1个（150克左右），清水适量。

制作方法：

1.先将雪梨洗干净，连皮切碎，去掉核、子。

2.锅里加适量的水，放入雪梨块，先用大火煮开，再用小火炖30分钟左右，凉凉即可。

梨酱

适宜范围：10个月以上的宝宝。

原料：新鲜雪梨1个（约150克），冰糖少许。

制作方法：

1.将新鲜雪梨清洗干净，削皮，去核，切成薄片。

2.加上冰糖，将梨片放到加了清水的小锅里煮成糊状。

3.用小勺把煮好的梨糊研成泥。

草莓

▶▶▶ 营养分析

　　草莓鲜嫩多汁、酸甜可口，还含有丰富的糖类、有机酸、B族维生素、维生素C和铁、钙、磷等多种营养成分，是老幼皆宜的上乘水果。

　　草莓里所含的异蛋白物质具有阻止致癌物质亚硝胺合成的作用。草莓里所含的果胶和果酸更是具有分解食物中的脂肪、促进消化和预防便秘的作用。

▶▶▶ 适用范围

　　草莓性凉，有润肺、生津、解热、消暑、健脾、利尿、止渴的功效，对因为风热咳嗽、咽喉肿痛、夏季烦热、便秘的宝宝特别有好处。但痰湿内盛、腹泻和患尿路结石的宝宝最好不要吃草莓，免得加重病情。

▶▶▶ 选购支招

买草莓时首先要挑选新鲜、饱满的。这只要看草莓的蒂就可以了。新鲜的草莓，蒂也是新鲜的。如果果蒂发蔫或是已经干枯，说明草莓已经摘下来很长时间了，肯定不新鲜。另外，还要看草莓的颜色：一般大部分颜色鲜红、只有一小半颜色呈现出绿里发白的草莓是自然成熟的草莓，可以放心购买。如果草莓果整个都是红的，很可能是用催红剂催出来的效果，最好不要购买。

正常生长的草莓外观呈心形，以色泽鲜亮、颗粒圆整、蒂头叶片鲜绿者为优。有些草莓色鲜个大，颗粒上有畸形凸起，味道比较淡，中间有空心，这大多数是由于种植过程中使用的激素过多造成的，不能给宝宝吃。

▶▶▶ 烹调与食用注意事项

1.要把草莓洗干净，最好用自来水不断冲洗，再用淡盐水或淘米水浸泡5分钟，以避免农药渗入果实中。

2.除去果蒂的草莓不能浸泡。因为这时候如果在水中浸泡，草莓上残留的农药就会随水进入草莓的内部，反而使草莓受到更多的污染。

3.不要用洗涤灵等清洁剂浸泡草莓。因为这些物质都很难清洗干净，容易残留在草莓上，造成二次污染。

4.草莓中含有很多有机酸，在用草莓给宝宝制作辅食的时候不要用铝制容器，以免溶出过多的铝，危害宝宝的健康。

▶▶▶ **黄金搭配**

宜	牛奶	不仅能为宝宝补充营养，还具有养心安神的作用
	冰糖	对解除暑热，防止口渴、烦躁等症状有比较好的效果
	山楂	具有助消化的作用

▶▶▶ 推荐辅食

草莓汁

适宜范围：6个月以上的宝宝。

原料：新鲜草莓 3～4个（约50克），水适量。

制作方法：

1. 将新鲜草莓洗净，沥去水分。

2. 用刀切成碎丁，放到干净的小碗里，用勺碾碎。

3. 用干净的纱布包好，用力挤出汁水，也可用榨汁机榨汁。

4. 加入适量的水调匀即可。

(大枣)

▶▶▶ **营养分析**

　　大枣含有丰富的维生素A、B族维生素、维生素C、维生素PP等多种人体必需的维生素和18种氨基酸，钙和铁的含量也很高，其中维生素C的含量是葡萄、苹果等水果的70～80倍。此外，大枣还含有脂肪、糖类、有机酸、磷、镁等营养素，营养价值很高，具有"百果之王"的美称。

▶▶▶ 适用范围

　　大枣性温，能补中益气、养血生津，对于因为脾胃虚弱而引起的消化不良、咳嗽和贫血有很好的食疗功效。大枣里含有丰富的铁，具有很强的补血作用，对由于铁质缺乏而出现缺铁性贫血的宝宝来说是一种非常好的补血食品。但是大枣性质黏腻，容易使人生痰，因而中医诊断为痰热、湿热、气滞体质的宝宝都要少吃或不吃。

▶▶▶ 选购支招

大枣以枣皮颜色紫红，果实大小均匀，果形短壮圆整，皮薄，果核小，果肉厚实细密，皱纹少，痕迹浅的为上品。如果大枣上的皱纹很多，果形干瘪，说明是肉质比较差或是不熟的大枣；如果大枣的果蒂上有孔或沾有咖啡或深褐色的粉末，说明大枣已经遭到虫蛀；如果在用手捏的时候感到湿软、粘手，说明大枣比较潮湿，容易霉烂变质；如果手捏到时候感到松软，则说明果肉质量较差，最好不要购买。

▶▶▶ 烹调与食用注意事项

一定要去掉皮、核，否则很容易使宝宝被呛到。

▶▶▶ 黄金搭配

	栗子	具有补脾、补肾的双重功效
宜	南瓜	具有补中益气、收敛肺气的功效
	芹菜	可以为宝宝补充丰富的铁质，还具有滋润皮肤、养血养精的作用

▶▶▶ 推荐辅食

枣泥花生粥

适宜范围：7个月以上的宝宝。

原料：大枣（干或鲜均可）5枚（约50克）花生米20粒，大米50克，清水适量。

制作方法：

1.将大米淘洗干净，先用冷水浸泡2个小时；将干大枣洗净，用冷水泡1个小时（鲜大枣不用泡，洗干净就可以了）。

2.将花生米洗净，去皮，放入锅中加清水煮，花生六成熟时加入大枣煮烂。

3.捞出煮熟的大枣，去掉皮、核，同花生米一起碾成泥备用。

4.锅里加入适量的水，加入大米煮成稀粥。加入花生泥和枣泥，用小火煮10分钟左右，边煮边搅拌，至粥变得黏稠时熄火即可。

香蕉

▶▶▶ 营养分析

　　香蕉肉质软滑，味道香甜可口，是深受人们喜爱的水果之一。香蕉里含有丰富的糖类、蛋白质、膳食纤维、维生素A、维生素C、叶酸和钾、磷、钙、镁等营养物质，不但能为宝宝补充能量和其他营养，还具有润肠通便、消炎解毒、清热除烦的作用。

▶▶▶ 适用范围

　　香蕉具有清热、生津、润肺、滑肠的功效，对体质燥热的宝宝和由于患热病而出现烦渴、便秘的宝宝来说比较合适。但是脾胃虚寒和因受寒而腹泻的宝宝则不适合吃，因为香蕉性寒，会加重原有的病症。

▶▶▶ 选购支招

优质的香蕉果皮为鲜黄或青黄色，梳柄完整，单只香蕉蕉体弯曲，果实丰满、肥壮，色泽新鲜，果面光滑，果肉稍硬，没病斑、虫蛀、真菌、创伤，也没有缺只和脱落现象，一般每千克在25个以下。

▶▶▶ 烹调与食用注意事项

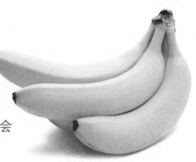

1.一定要选熟透的香蕉给宝宝吃。因为未熟透的香蕉里含有大量的鞣酸，不但没有润肠通便的作用，反而会引起或加重便秘。

2.香蕉属于热带水果，适宜的储存温度为11~18℃，最好不要放到冰箱里保存，否则反而会使香蕉变质。

▶▶▶ 黄金搭配

宜	豆奶	豆奶中含有磷脂糖和纤维素，与香蕉混合会产生酵素，有助于释放出腹内淤积的废气

▶▶▶ 推荐辅食

香蕉胡萝卜玉米羹

适宜范围：6个月以上的宝宝。

原料：香蕉1/3个（30克左右），玉米面100克，熟蛋黄1/2个，胡萝卜1/4个（30克左右）。

制作方法：

1.将胡萝卜洗净，切成小块，用榨汁机榨出胡萝卜汁。

2.将熟蛋黄用小勺捣成蛋黄泥；香蕉剥去皮，切成小块，用小勺捣成泥。

3.锅内加少量水（50克左右），烧开。

4.用凉开水把玉米面调成稀糊倒入锅中，改用小火煮，边煮边搅拌。

5.闻到玉米香味时加入蛋黄泥和香蕉泥，倒入准备好的胡萝卜汁，再煮2分钟左右，熄火凉凉即可。

山楂

▶▶▶ 营养分析

山楂营养丰富，几乎含有水果的所有营养成分，特别是含有比较多的酒石酸、柠檬酸、山楂酸、苹果酸等有机酸和大量的维生素C。此外，山楂还含有糖类、蛋白质、脂肪、胡萝卜素和钙、磷、铁等矿物质，其中钙含量居水果之首，胡萝卜素的含量仅次于枣和猕猴桃，并且有开胃消食、活血化淤、平喘化痰的食疗作用，很适合宝宝吃。

▶▶▶ 适用范围

山楂有健胃、消食、活血、化淤、收敛、止痢的功效，对因脂肪消化不良而引起的积食和痢疾、腹泻、腹胀具有很好的治疗作用，是著名的健胃消食食品。但是，山楂里含有大量的糖和有机酸，吃得太多会对宝宝的牙齿造成不良影响，所以，正处在出牙期的宝宝一定要少吃。另外，山楂只消不补，容易对宝宝的脾胃产生不利影响，脾胃虚弱的宝宝最好还是不要吃山楂。

▶▶▶ 选购支招

一般果皮颜色鲜红、有光泽、果形端正、不皱缩、没有外伤和虫蛀的痕迹、大小均匀、果肉具有清新的酸甜滋味的山楂是好山楂，可以放心购买；而个头参差不齐、畸形、外皮干缩、腐烂、伤口多、有虫蛀痕迹、果肉风干或变软、有异味的山楂质量不好，最好不要选购。

▶▶▶ 烹调与食用注意事项

　　山楂含有果酸，遇到铁后会使铁溶解，产生一种低铁化合物，使人中毒。所以煮山楂的时候最好用陶瓷、玻璃或是不锈钢等耐腐蚀的器皿，不能用铁锅煮。

▶▶▶ 黄金搭配

宜	猪肉	既能提供丰富的营养，又容易消化，还有祛斑消淤的功效
	核桃仁	具有补肺肾、润肠、消食的功效

▶▶▶ 推荐辅食

山楂糊

适宜范围：12个月以上的宝宝。

原料：新鲜山楂50克，白糖少许。

制作方法：

1.将山楂清洗干净，去核，放到加了清水的小锅里煮成糊状。

2.用筷子挑出山楂皮，用小勺把果肉研成泥，加入白糖拌匀即可。

荸荠（马蹄）

▶▶ 营养分析

荸荠汁多味甜，营养丰富，含有糖类、蛋白质、脂肪、维生素C、胡萝卜素、尼克酸、磷、钙、铁等营养素，有"地下雪梨""江南人参"的美誉。从医疗保健方面来看，荸荠具有清热润肺、生津消滞、疏肝明目、利气通化的作用，对宝宝的健康成长很有好处。

▶▶ 适用范围

荸荠是寒性食物，具有很好的清热泻火作用，既可以清热生津，又能补充营养，最适合发热的患儿。另外，荸荠还有凉血解毒、利尿通便、化湿祛痰、消食除胀的功效，对因体内有热而痰多、腹胀、积食、大便干燥的宝宝来说也是一种很好的食物。但是，正因为它性寒，脾胃虚寒者的宝宝最好不要吃，否则不但会加重原有的不适，还可能造成腹泻。

▶▶ 选购支招

颜色紫黑、表皮发亮、个头大、没有破损的荸荠品质一般比较好。但是也要注

意，颜色过红的荸荠也可能是一些不法商贩用盐酸等药物浸泡出来的。那么该怎么鉴别呢？有三个方法。第一个是"看"：荸荠的本色是比较老气的红黑色，如果你看到的荸荠颜色鲜红，色泽鲜嫩，红色分布得又很均匀，就很可能是用盐酸泡出来的。第二个是"闻"：闻一闻荸荠有没有刺鼻的气味，如果有，肯定是浸泡过的。第三个是"摸"：在购买荸荠时，还可以用手用力去挤一挤荸荠的角，浸泡过的荸荠会在手上粘上黄色的液体，这时就坚决不要购买。

▶▶▶ 烹调与食用注意事项

荸荠生长在泥中，外皮和内部都可能带有细菌和寄生虫，所以一定要洗净煮透后才能给宝宝吃。煮熟的荸荠，吃起来才会更加香甜。

▶▶▶ 黄金搭配

宜	香菇	具有调理脾胃、清热生津的作用，能帮宝宝补气强身、增强食欲
	黑木耳	具有清热化痰、滋阴生津的功效，对热病引起的口渴、烦热、咽喉肿痛、湿热黄疸、咳嗽、痰多、口疮等病症有比较好的治疗作用
	胡萝卜	荸荠清热解毒，胡萝卜明目利肝，两者搭配，是夏季消暑防病的理想食物

▶▶▶ 推荐辅食

胡萝卜马蹄汁

适宜范围：5个月以上的宝宝。

原料：新鲜荸荠10个，新鲜胡萝卜1个，清水适量。

制作方法：

1.将荸荠削皮，洗干净，切成小块备用。胡萝卜洗净切碎备用。

2.将准备好的荸荠和胡萝卜放入炖锅内，加水煮沸，再用小火煮30分钟。

3.用干净的纱布或不锈钢滤网过滤，将滤出来的汤倒入杯中，凉凉后即可食用。

宝宝最爱吃的肉类与蛋类

淡水鱼

▶▶ 营养分析

淡水鱼的种类很多，常吃的就有鲤鱼、草鱼、鲫鱼、鳜鱼、鳝鱼、鲇鱼等品种。这些鱼都具有肉质细嫩、味道鲜美、营养丰富的特点。除了为宝宝提供优质蛋白质，这些淡水鱼还含有丰富的不饱和脂肪酸、维生素A、维生素B_2、维生素B_{12}、叶酸、维生素D和钙、磷、钾、铁、碘、硒等营养物质，还具有补中益气、养肝补血等食疗功效。

▶ 适用范围

鱼肉具有滋补、健胃、消肿、清热、解毒、止咳、下气的作用，还具有养肝补血、预防心血管疾病的功效，是4个月以上宝宝的优良营养食物。

▶▶ 选购支招

买鱼首先要看新鲜程度。一般来说，鲜鱼的眼睛饱满，眼角膜光亮透明、不下陷，鳃盖紧合，鳃丝鲜红或紫红，体表鲜明清亮，表面黏液不沾手，鱼鳞完整或稍有掉鳞，用手按压的时候能感觉到很有弹性，并且手感光滑。即使是冰冻鱼也要买眼睛清亮、角膜透明、眼球略微隆起、皮肤天然色泽明显、鱼鳍平展张开的，这样的鱼才是用活鱼冰冻而成的。鱼鳍紧贴鱼体、眼睛不突出的鱼是死后冰冻而成的，最好不要购买。

▶ 烹调与食用注意事项

1.在将鱼肉解冻时，可以在水里少量地放一点盐，能够使冻鱼肉中的蛋白质凝固，防止从细胞中溢出，造成营养流失。

2.一定要把鱼肉炖烂，并挑干净骨、刺后再给宝宝吃。

3.蒸鱼的时候用开水，可以锁住内部鲜汁，使鱼肉更加鲜美滑嫩。

▶▶▶ 黄金搭配

	苹果	营养丰富，美味可口，还有止泻的作用
宜	豆腐	既能取长补短，弥补蛋白质的不足，又可以提高豆腐中钙的吸收利用率

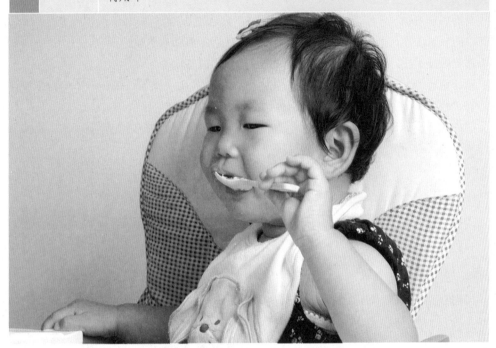

▶▶▶ 推荐辅食

豆腐鱼泥

适宜范围：6个月以上的宝宝。

原料：鲜鱼肉150克，豆腐75克，番茄酱少许，植物油25克。

制作方法：

1.将鱼肉洗干净，挑出鱼刺，去掉皮，用刀切成鱼肉片；将豆腐切成薄片。

2.锅里加入植物油，待油烧到六成热时把鱼肉放进去煎成金黄色。

3.加入番茄酱，清水和鱼片一起煮。

4.水开后，放入豆腐片，用小火炖至鱼肉烂熟，盛出鱼肉和豆腐，用小勺捣成泥状即可。

清蒸鱼丸

适宜范围：9个月以上的宝宝。

原料：新鲜鱼肉100克，新鲜鸡蛋1个（约60克），香菇2朵（干、鲜均可），胡萝卜1/8根（25克左右），干淀粉1大勺（30克左右），海味汤适量。

制作方法：

1. 将香菇用35℃左右的温水泡1个小时左右，淘洗干净泥沙，再除去菌柄，切成碎末（新鲜香菇直接洗干净除去菌柄即可）。

2. 将胡萝卜洗净，剖开去掉硬芯，切小丁，煮熟后压成胡萝卜泥。

3. 将鸡蛋洗干净，打到碗里，去掉蛋黄，只留下蛋清备用。

4. 鱼肉洗干净，去皮，去骨刺，研成泥，加入蛋清，用手抓匀，再加入干淀粉，搅拌均匀，用手搓成黄豆大小的丸子，放到蒸锅里，用中火蒸20分钟左右。

5. 锅内加入海味汤，加入香菇末和胡萝卜泥煮开，把用水调好的淀粉倒入汤里勾芡，然后把汤汁浇在蒸熟的丸子上即可。

鳕鱼

▶▶▶ 营养分析

鳕鱼是海洋深水鱼。鳕鱼肉最大的特点就是肉质厚实，刺少，并且味道鲜美。鳕鱼肉里含有丰富的蛋白质、钙、镁、钾、磷、钠、硒、烟酸、胡萝卜素和维生素A、维生素D、维生素E等营养元素，而且搭配比例接近人体每日所需要量的最佳比例，被人们称作"餐桌上的营养师"，给宝宝吃自然非常合适。

▶▶▶ 适用范围

鳕鱼营养丰富、肉味鲜美，并且有保护心血管系统、预防心血管疾病的良好功效，是4个月以上宝宝的理想营养食物。

▶▶ 选购支招

目前市场上出售的鳕鱼大多是冰冻的银鳕鱼，以肉质洁白肥厚、鱼刺少的为上品。但是需要注意的是，有一些不法商家用一种"龙鳕鱼"冒充鳕鱼，吃了以后很容易引起腹泻，在购买时一定不要上当。"龙鳕鱼"的肉也是白色，和鳕鱼外观相近，但价格上相差很远：一般的鳕鱼价格在每500克七八十元左右，而"龙鳕鱼"的价格每500克在十几元左右，区别起来还是很容易的。

▶▶ 烹调与食用注意事项

1.一定要挑干净鱼刺。

2.蒸鱼的时候最后加调味汁，可以防止鱼肉水分流失而使肉质变老。

3.最好给宝宝吃新鲜的鳕鱼。如果是在超市买的冷冻鳕鱼，蒸之前要稍微浸泡一下。

4.不要和含鞣酸比较多的水果（如柿子、葡萄、海鲜、石榴、山楂、青果等）同吃，否则鳕鱼肉中所含的蛋白质和钙等营养物质会和这些水果里的鞣酸结合，形成不容易消化的物质，降低鳕鱼的营养价值。

▶▶ 黄金搭配

宜	苹果	具有很强的保护心血管的作用

▶▶ 推荐辅食

鳕鱼苹果糊

适宜范围：8个月以上的宝宝。

原料：新鲜鳕鱼肉10克，苹果10克，婴儿营养米粉适量，冰糖1小块，清水适量。

制作方法：

1.将鳕鱼肉洗干净，放到锅里蒸熟，去皮，挑出鱼刺，用小勺捣成鱼肉泥。

2.苹果洗干净，去皮，放到榨汁机里打成糊（或直接用小勺刮出苹果泥）备用。

3.锅里加上水，放入准备好的鳕鱼泥和苹果泥，加入冰糖，煮开，加入米粉，调匀即可。

鳕鱼粥

适宜范围：8个月以上的宝宝。

原料：大米100克，鳕鱼肉30克，盐少许，清水适量。

制作方法：

1.将大米淘洗干净，先用冷水泡2个小时左右。

2.将鳕鱼肉洗净，去皮、去刺切成碎末备用。

3.锅内加水，放入大米，用小火煮20分钟左右。

4.将鳕鱼肉末放进粥里和大米一起煮30分钟，到汤稠米烂鱼熟时熄火，加入盐调味即可。

鲑鱼

▶▶▶ 营养分析

鲑鱼肉含有丰富的优质蛋白质及ω-3脂肪酸，脂肪含量却比较低。其中ω-3脂肪酸是宝宝的大脑细胞、视网膜和神经系统必不可少的物质，对宝宝的大脑和视觉发育有很好的促进作用。

▶▶▶ 适用范围

鲑鱼具有增强脑功能、促进宝宝的大脑、视网膜及神经系统发育的功效，是4个月以上宝宝的理想营养食物，对消化不良的宝宝也有很好的食疗功效。

▶▶▶ 选购支招

想买到新鲜的鲑鱼，有四个小方法：第一是用手指轻轻地按一按鱼肉。如果能很快地弹回，说明是新鲜鲑鱼；如果一压就凹了进去，说明新鲜度欠佳。第二是看鱼眼。如果鱼眼突起，且眼角膜清澈，说明是新鲜鲑鱼；如果鱼眼不突出，眼角膜浑浊，说明已经不新鲜了。第三是看鱼肉的颜色。新鲜鱼肉颜色粉红，不新鲜的鲑鱼颜色发黑。第四是闻气味。有腐烂味的鲑鱼已经变质，坚决不能买。

▶▶▶ 烹调与食用注意事项

不要煮得过烂，这样既可以去除腥味，还可以保持鱼肉的鲜嫩口感。

▶▶▶ 黄金搭配

宜	绿叶蔬菜	鲑鱼里的维生素E含量不高，同富含维生素E的绿叶蔬菜一起吃，可以提高鲑鱼的营养价值
	谷物	鲑鱼里的维生素E含量不高，同富含维生素E的谷类食物一起吃，可以提高鲑鱼的营养价值

▶▶▶ 推荐辅食

鲑鱼粥

适宜范围：11个月以上的宝宝。

原料：大米50克，鲑鱼肉20克，清水适量，盐少许。

制作方法：

1.将大米淘洗干净，用冷水泡2个小时左右。

2.将鲑鱼肉洗干净，放到锅里蒸熟，去皮，挑出鱼刺，用小勺捣成鱼肉泥。

3.将大米连水加入锅中，先用大火烧开，再用小火煮成稀粥。

4.加入鲑鱼肉泥，再煮1~2分钟，边煮边搅拌，加入少量盐调味即可。

鲑鱼蒸蛋

适宜范围：11个月以上的宝宝。

原料：鲑鱼肉15克，新鲜鸡蛋1个（约60克），白开水适量，盐少许。

制作方法：

1.将鲑鱼肉洗净，放到锅里蒸熟，去皮，挑干净鱼刺，用小勺捣成鱼肉泥。

2.将鸡蛋洗干净，打到碗里，用筷子搅散。

3.将鲑鱼加到蛋液里，加入少量的开水和盐，搅成比较稠的糊。

4.放到锅里蒸熟即可。

虾

▶▶▶ **营养分析**

　　虾的种类很多，主要分为淡水虾和海虾两大类。青虾、河虾、草虾、小龙虾等属于淡水虾；对虾、明虾、基围虾、琵琶虾、龙虾等属于海虾。不管是淡水虾还是海虾，都具有肉质松软、没有腥味和骨刺、蛋白质含量丰富的特点。此外，虾肉还含有丰富的钙、磷、铁等矿物质，海虾中还含有丰富的碘，对宝宝的健康很有好处。

▶▶▶ **适用范围**

　　虾性温，入肝、肾经，具有补肾壮阳、养血固精、化淤解毒、益气止痛、开胃化痰的功效，对身体虚弱的宝宝来说是非常好的补益食物。但是虾容易引起过敏，一定要等到宝宝9个月以后再尝试给宝宝吃。过敏性体质的宝宝在吃虾的时候，更要小心谨慎。另外，上火和患皮肤病的宝宝不要吃虾，以免加重病情。

▶▶▶ **选购支招**

　　买虾时，要挑选虾体完整、头和身体连接紧密、甲壳密集、清晰鲜明、肉质紧实、有弹性且体表干燥洁净的虾。肉质疏松、颜色泛红、闻起来有腥味的虾不新鲜，最好不要买。

▶▶▶ **烹调与食用注意事项**

1.不新鲜的虾不要吃。
2.虾背上的虾线应该挑去不吃。

▶▶▶ **黄金搭配**

宜	白菜	可以实现蛋白质互补，提高两者的营养价值
	鸡蛋	有清热解毒、健脾开胃的功效。还可以用来辅助治疗肺热咳嗽
	豆腐	营养丰富，容易吸收，对宝宝的健康成长很有好处

▶▶▶ **推荐辅食**

虾仁鸡蛋挂面

适宜范围：9个月以上的宝宝。

原料：挂面50克，新鲜鸡蛋1个（约60克），虾仁20克，鸡肝10克，嫩菠菜叶10克，香油少许，高汤适量。

制作方法：

1. 将虾仁洗干净，煮熟，剁成碎末，加入盐腌15分钟左右；菠菜叶洗干净，放入开水锅中焯2～3分钟，捞出来沥干水，切成碎末备用。

2. 将鸡肝洗干净，去掉筋、膜，用刀剁成极细的碎末，或用边缘锋利的勺子顺着一个方向刮出细泥，上锅蒸熟。

3. 将鸡蛋洗干净，打到碗里，用筷子搅散。

4. 锅里加入鸡汤，放入鸡肝泥、虾仁和碎菠菜，煮开。将挂面剪成短短的小段，下入锅里，煮至汤稠面软。

5. 将打好的鸡蛋甩入锅里，搅出蛋花，滴上几滴香油调味，即可出锅。

猪肉

▶▶▶ 营养分析

猪肉是中国人餐桌上最重要的动物性食品之一，也是一种深受人们欢迎的食物。它能为宝宝提供丰富的优质蛋白质和必需的脂肪酸，还含有大量有机铁和促进铁吸收的半胱氨酸，对帮助宝宝预防和改善缺铁性贫血起着很重要的作用。

▶▶▶ 适用范围

猪肉营养丰富，还具有补虚强身、滋阴润燥的作用，是5个月以上宝宝的理想营养食物。

▶▶▶ 选购支招

同样的猪肉，肉色较红表示肉比较老，肉质粗硬，最好不要购买；颜色淡红色者肉质较柔软，品质也比较优良。如果猪肉的表皮有大小不等的出血点或斑块，说明是得了瘟病的病猪肉，绝对不能购买。去皮肉可以重点观察肉的脂肪和腱膜，如有出血点，就是病猪肉。还可以拔一根猪毛观察一下毛根。如果毛根发红说明是病猪肉；如果毛根白净，则是正常的猪肉。

▶▶▶ 烹调与食用注意事项

1.猪脖子等部位的猪肉里经常有一些灰色、黄色或暗红色的肉疙瘩（通称为"肉枣"），含有很多细菌和病毒，宝宝吃了很容易感染疾病，要去掉。

2.生猪肉一旦沾上了脏东西，很难用清水冲洗干净。如果先用温淘米水洗2遍，再用清水冲洗，就很容易清理干净了。用一团和好的面粉在肉上来回滚动，也能很快将脏东西黏走。

3.猪肉的保质期很短，特别容易变质，保存时应该特别注意。

▶▶▶ 黄金搭配

宜	白菜	一起食用具有滋阴润燥的功效
	萝卜	既富有营养，又容易消化，还具有健胃、消食、化痰、顺气的功效
	莲藕	具有滋阴血、健脾胃的功效
	香菇	营养丰富，搭配均衡

▶▶▶ 推荐辅食

猪肉豆腐羹

适宜范围：7个月以上的宝宝。

原料：新鲜猪肉末100克（肥、瘦各50克），嫩豆腐1/3块（50克左右），高汤50毫升，植物油5克，水淀粉适量，清水适量。

制作方法：

1. 锅内加植物油，下入猪肉末炒熟。

2. 将豆腐放到开水锅里焯一下，捞出来沥干水，切成碎末。

3. 将豆腐和肉末、水淀粉、高汤放到一个小碗里搅拌成泥。

4. 放到蒸锅里蒸30～40分钟，搅拌均匀即可食用。

肉末青菜

适宜范围：7个月以上的宝宝。

原料：新鲜猪肉末100克（肥、瘦各50克），新鲜油菜叶50克，料酒少许，植物油3克。

制作方法：

1. 将猪肉末洗净，放到锅里，加少量的水煮软。
2. 将油菜叶放到开水锅里焯一下，捞出来沥干水，切成碎末。
3. 锅里加入植物油，待油八成热时倒入肉末，加入料酒，煸炒几下。
4. 加入油菜末和肉末一起翻炒，至菠菜熟软即可。

鸡肉

▶▶▶ 营养分析

鸡肉肉质细嫩，味道鲜美，并且含有丰富的蛋白质、磷脂和维生素A、维生素B$_6$、维生素B$_{12}$、维生素D、维生素K、磷、铁、铜、锌等营养物质，具有温中、益气、补虚、活血、健脾胃、强筋骨的功效。

▶▶▶ 适用范围

鸡肉营养丰富，有增强体力、强壮身体的作用，对营养不良、怕冷、容易疲劳、贫血的宝宝来说是很好的食疗品。

▶▶▶ 选购支招

新鲜的鸡肉肉质紧密、颜色呈干净的粉红色，肉面有光泽，皮呈米色，毛囊突出，富有光泽和张力。肉和皮的表面比较干或者水分较多、脂肪稀松的鸡肉是不新鲜的鸡肉，最好不要给宝宝吃。

▶▶▶ 烹调与食用注意事项

1. 不同部位的鸡肉所含的营养素也是不一样的：鸡胸肉含有较多的B族维生素，大腿肉含有较多的铁质，翅膀肉中则含有丰富的骨胶原蛋白。制作辅食的时候，妈妈们可以根据宝宝的营养需求来进行选择。

2. 鸡皮含有很多脂肪，多吃无益，最好不要给宝宝吃。

▶▶▶ 黄金搭配

宜	栗子	既有利于鸡肉中营养成分的吸收，又具有补血的功效
	香菇	可以促进新陈代谢
	冬瓜	具有清热、利尿、消肿的功效
	红豆	具有补肾、滋阴、活血、明目、祛风、解毒的功效
	绿豆芽	有助于预防心血管疾病
	花菜	可以帮宝宝提高免疫力，预防感冒和败血症

▶▶▶ 推荐辅食

鸡肉粥

适宜范围：8个月以上的宝宝。

原料：鸡胸肉30克，大米50克，嫩油菜叶20克，植物油10克，清水适量。

制作方法：

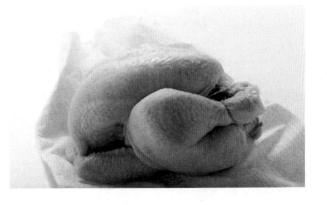

1.将大米淘洗干净，先用冷水泡2个小时左右。

2.将鸡肉洗干净，用刀剁成极细的茸，或用料理机绞成肉泥；油菜叶洗干净，切成碎末备用。

3.锅里加适量清水，将大米放进去煮成稀粥。

4.锅内加入植物油，待油八成热时，下入腌好的鸡肉末炒散。

5.把炒好的鸡肉末和油菜一起加到粥里，再用小火煮10分钟左右，边煮边搅拌。待粥变稠、油菜熟软时熄火，凉凉即可。

鸡肉蔬菜汤

适宜范围：11个月以上的宝宝。

原料：鸡胸肉20克，土豆30克，西红柿50克，清水适量，高汤适量，水淀粉、盐各少许。

制作方法：

1. 将鸡胸肉洗干净，放到开水锅里汆烫一下，用绞肉机绞碎（或者用刀剁成极细的茸）。

2. 将西红柿洗干净，用开水烫一下，去掉皮、子，切成小块备用。土豆洗干净，切成1厘米见方的丁。

3. 锅内加入高汤，先用大火烧开，加入鸡肉末、土豆、西红柿。加入适量清水，用大火烧开，再用小火煮至肉熟菜软。

4. 先加入盐调味，再用水淀粉勾一层薄薄的芡即可。

牛肉

▶▶▶ 营养分析

牛肉是一种高能量、高蛋白质、低脂肪、味道鲜美的肉类，素有"肉中骄子"的美誉。每100克牛肉中含有125千卡（523千焦）热量、19.9克蛋白质、4.2克脂肪、7微克维生素A、5.6毫克尼克酸、23毫克钙、168毫克磷、216毫克钾、84.2毫克钠、20毫克镁、3.3毫克铁、4.73毫克锌，此外还含有铜、硒、锰等微量元素，是一种营养丰富的优质食品。

▶▶▶ 适用范围

牛肉有补中益气、滋养脾胃、强健筋骨、化痰息风、止渴止涎的功效。适用于中气下陷、气短体虚、筋骨酸软、贫血久病及面黄目眩之人食用。

▶▶▶ 选购支招

新鲜牛肉有光泽，红色均匀稍暗，脂肪为洁白或淡黄色，外表微干或有风干膜，不粘手，弹性好，有鲜肉味。老牛肉色深红，质粗；嫩牛肉色浅红，质坚而细，富有弹性。

▶▶▶ 烹调与食用注意事项

1.牛肉的纤维组织较粗，结缔组织又较多，应横切，将长纤维切断，不能顺着纤维组织切，否则不仅无法入味，还嚼不烂。

2.牛肉受风吹后易变黑，进而变质，因此要注意保管。

3.炖牛肉时，可用干净的白布包一些茶叶，放在锅里，或放点山楂、橘皮，这样牛肉比较容易熟烂。

▶▶▶ 黄金搭配

宜	萝卜	萝卜性味辛、甘、凉，能健脾补虚、行气消食；配以补脾胃、益气血、强筋骨的牛肉，可为人体提供丰富的蛋白质、维生素C等营养成分，具有利五脏、益气血的功效
	香菇	牛肉是温补性肉类，不上火，可健脾养胃；香菇富含核糖核酸、香菇多糖等，易被人体消化吸收。二者搭配，适合胃弱者食用
	南瓜	牛肉营养丰富，南瓜富含维生素C和葡萄糖，二者同食，可以健胃益气

▶▶▶ 推荐辅食

牛肉末薯蛋

适宜范围：11个半月以上的宝宝。

原料：新鲜牛肉100克，土豆1/4个（50克），新鲜鸡蛋1个，干面包屑适量，植物油250克（实耗50克），盐少许。

制作方法：

1. 将牛肉洗净，剁成极细的肉茸，加入少许盐腌15分钟左右。

2. 鸡蛋洗干净，打到碗里，用筷子搅散。

3. 土豆洗净，连皮放到开水锅中煮熟，取出撕掉土豆皮，用勺子或刀把压成泥，加入少许盐拌匀。

4. 锅内加入10克左右植物油，下入牛肉末炒熟。

5. 取少量土豆泥搓圆，压成圆饼状，包入适量炒好的牛肉末，捏成蛋状。做好多个薯蛋备用。

6. 将捏好的薯蛋先沾上蛋液，再沾上干面包屑，放进热油中小火炸至金黄色出锅即可。

肝

▶▶▶ 营养分析

　　动物的肝脏一般都含有比较丰富的蛋白质、维生素A、B族维生素、维生素C和钙、磷、铁、硒等营养素，其中维生素A的含量远远超过奶、蛋、肉、鱼等食品，对宝宝的生长发育具有很大的好处。

▶▶▶ 适用范围

　　动物肝脏大都具有很好的补血功效，对出生6个月以上，因为体内铁质缺乏而出现缺铁性贫血的宝宝来说是非常理想的补血食物。另外，动物肝脏里还含有比较丰富的维生素A，对患夜盲症的宝宝也有很好的食疗作用。

▶▶▶ 选购支招

宝宝常吃的肝主要是鸡肝和猪肝。鸡肝质地细腻，味道鲜美，宝宝容易消化，通常是给宝宝添加肝类食物的首选。有些动物的肝（鱼肝、狗肝）含有毒素，则不能给宝宝吃。

选择鸡肝首先要闻气味。具有扑鼻肉香的鸡肝是新鲜鸡肝，可以购买；有腥、臭等异味的鸡肝已经开始变质，最好不要买。新鲜鸡肝肉质富有弹性；弹性差、边角干燥的鸡肝已经放置了很长时间，最好别买。

一般颜色淡红、肉质软且嫩、手指稍微用力就可以插进切开的刀口的猪肝是优质猪肝，做熟后肉质柔嫩、味道鲜美。背面有明显的白色络网、切口不太柔软的猪肝称为麻肝，做熟后肉质干韧，不容易嚼烂，不适合给宝宝吃。颜色紫红、切开后向外溢出血水的猪肝是病死猪肝，严禁给宝宝吃。还有一种猪肝，颜色呈赭红色，有一点发白，外形饱满，用手指按压会下沉，松开手又会复原，切开后有水溢出，这样的猪肝是灌过水的猪肝，不但做熟后口感不好，还很可能带有细菌，也不要给宝宝吃。

▶▶▶ 烹调与食用注意事项

1.由于肝是动物体内最大的毒物中转站和解毒器官，新鲜的肝里很可能有毒素残留，买回来以后一定要进行充分的清洗，最好先在水中浸泡30分钟，再多冲洗几遍，把毒素清理干净后再做给宝宝吃。

2.烹调的时间不能太短，至少要用急火炒5分钟以上，使肝完全变成灰褐色才可食用。

3.新鲜猪肝要现切现做。猪肝切开后放置一段时间会造成营养损失。

▶▶▶ 黄金搭配

宜	白菜	白菜清热，猪肝补血，两者配合，有比较好的滋补功效
	菠菜	具有很好的补血功能

▶▶▶ 推荐辅食

猪肝蛋黄粥

适宜范围：8个月以上的宝宝。

原料：猪肝30克，新鲜鸡蛋1个（约60克），大米50克，清水适量。

制作方法：

1. 将大米淘洗干净，先用冷水泡2个小时左右。

2. 将猪肝洗净，去掉筋、膜，用刀或边缘锋利的汤勺刮成细茸，放入碗里。

3. 将鸡蛋洗净，煮熟，取出蛋黄，压成泥备用。

4. 锅里加适量清水，将大米放进去煮成稀粥。

5. 将准备好的肝泥、蛋黄泥加入粥中搅拌均匀，再煮10分钟左右，熄火凉凉即可。

鸡蛋

▶▶▶ 营养分析

鸡蛋含有丰富的蛋白质、脂肪、卵黄素、磷脂酰胆碱、DHA、维生素A、维生素B_1、维生素B_2、维生素B_6、维生素B_{12}、维生素D、维生素E、叶酸、钙、铁、磷、镁、锌、铜、碘等营养物质，几乎含有人体所需要的所有营养物质。

▶▶▶ 适用范围

鸡蛋性味甘平，具有养心、安神、补血、滋阴、润燥的功效，是4个月以上宝宝的理想营养食物。但是需要注意的是：蛋白里所含的大量蛋白质容易引起过敏，在6个月龄之内的宝宝，最好只吃蛋黄，不要给宝宝添加蛋白。

▶▶▶ 选购支招

购买鸡蛋，首先要用眼睛观察一下蛋的形状、色泽和外部的清洁程度。质量好的鲜蛋蛋壳清洁、完整、没有光泽，壳上有一层白霜，色泽鲜明。不新鲜的鸡蛋外皮发乌，壳上往往有油渍，还会有裂纹、硌窝的现象。其次可以用手掂一下分量。如果感到沉甸甸的，甚至有些砸手，说明是好的鸡蛋。还可以用手夹稳鸡蛋在耳边轻轻摇晃，优质的新鲜鸡蛋发出的声音比较实；声音比较空、发出"啪啪"声的鸡蛋质量比较差，都不要购买。最好的方法就是闻气味。质量好的鸡蛋有一股轻微的生石灰味，质量次一点的鸡蛋有轻度的霉味，劣质鸡蛋则会发出霉、酸、臭等不良气味。

▶▶▶ 烹调与食用注意事项

1.生鸡蛋里含有阻碍人体吸收蛋白质的物质，还可能含有细菌，不能给宝宝吃，一定要给宝宝吃做熟的鸡蛋。

2.鸡蛋的吃法很多，有煮、炒、煎、炸等方法，但对于消化能力还比较弱的宝宝来说，蒸蛋羹、蛋花汤这两种能使蛋白质充分松解的方式最为合适。

3.打鸡蛋前最好先把蛋壳洗干净，以免蛋壳上的细菌进入蛋液，对宝宝的健康不利。

4.鸡蛋煮得时间过长，蛋黄表面会形成一层灰绿色的硫化亚铁，很难被人体吸收，也不能给宝宝吃。

5.煮鸡蛋的时候不能加糖，否则会生成一种叫糖基赖氨酸的物质，破坏了鸡蛋中的氨基酸。

▶▶▶ **黄金搭配**

宜	菠菜	可以有效地预防贫血、营养不良
	西红柿	能够相辅相成，提高双方的营养价值
	豆腐	不仅有利于钙的吸收，而且能为宝宝提供更全面的营养
	百合	具有滋阴润燥、清心安神、祛痰、补虚的功效
	韭菜	具有补肾的作用

▶▶▶ **推荐辅食**

蛋黄粥

适宜范围：5个月以上的宝宝。

原料：新鲜鸡蛋1个（约60克），大米50克，清水适量。

制作方法：

1. 将大米淘洗干净，加上适量的水浸泡1～2小时。

2. 将鸡蛋洗干净，放入加了冷水的锅里煮熟，取出剥掉鸡蛋壳，取出蛋白，只留下蛋黄。

3. 将泡好的大米连水倒入锅里，用微火煮40～50分钟。

4. 把蛋黄研碎后加入锅里，再煮10分钟左右即可。

肉糜蒸蛋

适宜范围：8个月以上的宝宝。

原料：新鲜鸡蛋1个（约60克），猪瘦肉50克，香油少许，植物油5克。

制作方法：

1. 将猪瘦肉洗干净，剁成极细的茸，放到锅里蒸熟。

2. 将鸡蛋洗干净，打入碗中，用筷子搅散，加入肉泥调匀。

3. 放入蒸锅中，先用大火将水烧开，再用小火蒸15分钟，淋上香油即可。

宝宝爱吃的其他食物

玉米

▶▶▶ 营养分析

玉米是粗粮中的保健佳品，含有丰富的糖类、蛋白质、脂肪、胡萝卜素、维生素和钙、磷、铁、硒、镁等矿物质，其中维生素含量是大米、小麦的5~10倍。玉米有健脾利湿、开胃益智的作用，对帮助宝宝增强肠胃功能，促进宝宝的智力开发有一定的积极作用。

▶▶▶ 适用范围

玉米的吃法很多：可以给宝宝煮玉米水，可以用玉米粉给宝宝煮玉米糊糊，还可以把玉米煮熟了，直接让宝宝啃玉米棒子。4个月内的宝宝体内的淀粉酶很少，胃肠功能也比较弱，还不能消化玉米糊糊、玉米片粥、鲜玉米粒等玉米类食物，只能给宝宝喝玉米水。4个月以后可以少量地给宝宝吃一点玉米粉，但是一定要多煮一会儿，并要和大米、小米等其他食物掺在一起吃，避免宝宝消化不良。有些超市里出售的袋装玉米片不能完全煮烂，只适合给10个月以上、有一定咀嚼能力的宝宝吃。

▶▶▶ 选购支招

为宝宝制作玉米食品的时候，一定要购买新鲜的玉米。因为玉米发霉会产生可以致癌的黄曲霉素，对宝宝的身体有危害。除了从外观上辨别外，还可以注意查对一下外包装上标示的玉米的生产日期和保质期，不要买过了期的玉米。

玉米粉有两种，一种是黄色的，另一种是白色的，黄色的玉米粉品质比较好。购买黄色玉米粉的时候，要注意两个方面：第一，在购买前先用手指捻一捻，看看你的手指有没有被染成黄色。如果有，说明玉米粉的淡黄色是用黄色染料染出来的，最好不要购买。第二，用舌头尝一尝玉米粉的味道。如果感觉有苦味，说明是用发霉的玉米粒磨成的粉末，也不能给宝宝吃。

从玉米的颜色上来说，颜色越深的玉米营养价值越高。紫色玉米含有丰富的花青素类抗氧化物，黄色玉米含丰富的胡萝卜素，营养价值都比白色玉米要高。

▶▶▶ 烹调与食用注意事项

做玉米时最好加一点碱。因为玉米里含有的烟酸大部分属于不能被人体吸收利用的结合型烟酸，在煮玉米糊糊、玉米粥的时候适当地放点碱，能够使结合型烟酸转变成能够被宝宝吸收的游离型烟酸，提高玉米的营养价值。

▶▶▶ 黄金搭配

宜	豆类	玉米所含的蛋白质中色氨酸比较缺乏，单独食用容易引起糙皮病，同富含蛋白质的豆类食物一起吃，能弥补玉米中色氨酸含量不足的缺陷，提高玉米的营养价值
	大米、小麦	玉米中所含的尼克酸多为不容易被吸收的结合型尼克酸，大米、小麦中所含的则是游离型的尼克酸，玉米和大米、小麦搭配，可以大大提高玉米中蛋白质的利用率

 推荐辅食

玉米毛豆粥

适宜范围：5个月以上的宝宝。

原料：鲜玉米粒20克，鲜毛豆（去皮）10克，清水适量。

制作方法：

将玉米和毛豆洗干净，放到榨汁机里打成糊，再把打好的糊放到锅里煮10分钟即可。

豆浆玉米浓汤

适宜范围：5个月以上的宝宝。

原料：新鲜玉米50克，生豆浆50克，米粉2勺，清水适量。

制作方法：

1. 将玉米洗干净，放到榨汁机里打成汁。

2. 用干净的纱布过滤去渣。

3. 将玉米汁和豆浆放到锅里，加上水一起煮。

4. 开锅后放入米粉，边煮边搅拌，煮开即可。

芝麻

营养分析

芝麻含有多种人体所需的营养素，其中蛋白质的含量高于肉类，钙的含量是牛奶的2倍，还含有丰富的磷脂酰胆碱、氨基酸、维生素A、维生素D及B族维生素，有滋补、养血、润肠等功效。黑芝麻里含的麻油酸香气独特，味道浓郁，更能激起宝宝的食欲，使宝宝胃口大开。

适用范围

芝麻性甘味平，具有滋阴、润燥、润肠、生津、补益肝肾的功效，是大便干燥、体弱多病的宝宝良好的滋润强壮补剂。但是芝麻里所含的油脂比较多，润肠通便的功能特别强，对于平时粪便比较稀、大便次数多的宝宝来说不太合适，因为它能使宝宝的肠胃蠕动得更快，容易造成宝宝腹泻。另外，芝麻香气浓郁，对宝宝肠胃的刺激性

比较大，一些因为脾胃虚弱而出现消化不良症状的宝宝，也不适合吃芝麻和芝麻制成的食物。

▶▶▶ 选购支招

芝麻主要有黑芝麻、白芝麻两种，都含有丰富的蛋白质、脂肪（不饱和脂肪酸）、糖类、膳食纤维及维生素，只是黑芝麻的膳食纤维及矿物质（特别是钙、铁）的含量比白芝麻稍微高一些，养生的效果也比白芝麻要强。如果是日常吃，可以选白芝麻；如果是补益食疗，还是选黑芝麻更好一点。

白芝麻：优质的白芝麻颗粒大而饱满，颜色鲜亮、纯净，皮薄，嘴尖而小，含水量不超过8%，基本上没有杂质；如果凑近了闻，能闻到芝麻特有的清香味道；放到嘴里尝的时候，也不会有异味。

如果芝麻的颜色发暗、嘴尖并过长，颗粒不饱满（甚至萎缩），有虫蛀、断裂的颗粒，气味平淡，含水量超过了8%，就说明该芝麻的质量比较差，最好不要选购。

腐败的白芝麻颜色发黑，能够闻到一股霉味或哈喇味，尝起来味道发苦，吃了以后对宝宝的身体有害，更是不能选购。

黑芝麻：真正的黑芝麻颜色呈深灰色，不会黑得发亮，更不会掉颜色，颜色黑得异常的芝麻大多数是被一些不法商人用染色剂染成的。那些染色剂主要是用化学方法合成的，不但没有营养价值，还有毒性，选购黑芝麻的时候一定要特别慎重。

鉴别黑芝麻有没有被染色，可以先取一点水放在手心里，再放上几颗黑芝麻，轻轻地揉搓几下。如果发现手上有异常的颜色，就说明芝麻是被染过色的。

还有一个简便方法：找一个断口的黑芝麻，看看断口的部分是什么颜色。如果断口部分也是黑色的，说明那一批芝麻都是被染过色的；如果断口部分是白色的，就说明是真正的黑芝麻。

▶▶▶ 烹调与食用注意事项

　　芝麻仁外面有一层比较硬的膜，不容易消化，只有把它碾碎才能使宝宝吸收到更多的营养。所以，不要给宝宝吃整粒的芝麻，应该打成芝麻糊再吃。

▶▶▶ 黄金搭配

宜	山药	芝麻里含有丰富的钙质，山药则有促进钙质吸收的作用。二者相配，能够增加芝麻的补钙效果

▶▶▶ 推荐辅食

芝麻粥

适宜范围：12个月以上的宝宝。

原料：黑芝麻30克，大米50克，白砂糖少许，清水适量。

制作方法：

1. 将大米淘洗干净，先用冷水泡2个小时左右。

2. 将黑芝麻放到锅里炒熟，研成碎末。

3. 将泡好的大米连水倒入锅里，煮至汤稠米烂，加入研碎的黑芝麻粉，再煮5分钟左右。加入白砂糖，搅拌均匀即可。

花生

▶▶▶ 营养分析

　　花生含有大量的蛋白质和脂肪，营养价值可以和鸡蛋、牛奶、肉类等动物性食物媲美。花生里的不饱和脂肪酸含量很高，很适合制造成各种营养食品。此外还含有丰富的维生素A、维生素B_2、维生素C、维生素D、维生素E、维

生素K、维生素PP（尼克酸）、钙、铁、锌、硒等营养物质，具有扶正补虚、健脾和胃、润肺化痰的功效。

适用范围

花生有很强的滋补功效，对脾胃失调、营养不良的宝宝来说是一种很好的补益食物。但是，花生也是一种很容易过敏的食物：由于宝宝的免疫系统发育不够完全，花生中的蛋白质进入宝宝体内后，很容易被宝宝的免疫系统当成入侵的病原，引起免疫反应，从而使宝宝过敏。所以，6个月以内的宝宝最好不要吃花生及含有花生成分的食物。过敏性体质的宝宝，最好等到1周岁后再吃花生。如果家族中有对花生过敏的亲人，则要等到3岁以后，才能给宝宝吃花生。另外，花生性味干燥，吃了以后容易上火，体质燥热，容易出现口腔溃疡和鼻出血的宝宝也最好少吃点花生。

选购支招

优质花生形态完整，没有杂质，果荚呈土黄色或白色，果仁外皮鲜艳，果肉呈现出均匀的黄色；子叶肥厚，肉质饱满，富有光泽，并能闻到一股花生特有的香味。果荚颜色灰暗、果仁颜色变深、子叶瘦瘪，色泽浓淡不一，有破碎、虫蛀、发芽或不成熟的颗粒，气味单薄、略有异味的花生质量比较次，最好不要给宝宝吃。

如果花生的果荚颜色暗黑，果仁呈现紫红、棕褐或黑褐色，色泽不均匀，并能闻到明显的霉味、哈喇味，说明该花生已经变质，可能含有很多对宝宝健康不利的毒素，也最好不要选购。

烹调与食用注意事项

1.发霉的花生不要吃。花生发霉后会产生可以致癌的黄曲霉菌毒素，并且无法通过高温烹调的办法分解它，容易使宝宝中毒，所以坚决不能吃。

2.最好选深色、小粒的花生给宝宝制作食物。相对于浅色花生来说，深色皮的花生含有更多的蛋白质和更少的脂肪，还含有更多的多酚类物质，能够帮助宝宝吸附体内毒素，维护宝宝的健康。而小粒的花生里蛋白质含量比大粒的花生要高。所以，我们不妨改掉喜白爱大的思维定式，更加眷顾那些深色、小粒的花生。

3.花生最好煮着吃。因为这种做法能缓解花生固有的"燥"性，并且容易消化，比较适合宝宝。

4.给宝宝做花生类辅食的时候要注意拣干净花生皮，防止宝宝吞咽不下去被噎到。

▶▶ 黄金搭配

| 宜 | 芹菜 | 对心血管有益 |

▶▶ 推荐辅食

花生粥

适宜范围：7个月以上的宝宝。

原料：花生20克，大米50克，清水适量。

制作方法：

1. 将大米淘洗干净，先用冷水浸泡2个小时。

2. 将花生炒熟，剥去皮，用擀面杖碾成碎末。炒好的花生米可以直接碾成末。

3. 锅里加入适量的水，加入大米煮成稠粥。

4. 加入花生末，用小火煮10分钟左右，边煮边搅拌，待粥熟烂即可。

核桃

▶▶ 营养分析

　　核桃中含有大量脂肪和优质蛋白质，并且极易被人体吸收。它所含的蛋白质中含有对人体极为重要的赖氨酸，对宝宝的大脑神经发育极为有益。此外核桃还含有胡萝卜素、核黄素、维生素B_6、维生素E、磷脂等营养物质和钙、磷、铁、锌、锰、铬等矿物质，是益智、健脑、强身的佳品。

▶▶▶ 适用范围

　　1岁以内的宝宝新陈代谢旺盛，再加上活泼好动，经常会出好多汗。大量出汗会使宝宝体内的锌丢失过多，造成缺锌，会降低宝宝的机体免疫力。核桃内含的锌比较多，比较适合一些出汗多的宝宝，可以帮助宝宝预防由于缺锌而导致的免疫力低下、食欲缺乏、地图舌等病症。

　　但是核桃里含有大量的蛋白质和脂肪，不容易消化，并且容易引起过敏，6个月以内的宝宝不太适合吃。最好等宝宝8个月后，具有一定免疫力和消化能力的时候再给宝宝添加核桃制成的食物。另外，核桃还有油腻滑肠、容易生痰助火的特点，腹泻、痰多、咳嗽及阴虚体热的宝宝最好不要吃。

▶▶▶ 选购支招

　　核桃以个头大、外形圆整、壳薄、颜色白净，出仁率高、干燥、果仁片张大、色泽白净、含油量高者为佳。一般来说，新鲜的核桃肉颜色是淡黄色或浅琥珀色，颜色越深，说明桃核越陈，质量越不好。

　　在挑选核桃的时候，可以先取两只核桃放在手里掂一掂，如果轻飘飘地没有分量，说明是不熟的时候采摘的，质量肯定不好。

　　其次还要观察一下果仁。果仁丰满、仁衣色泽黄白、果肉白净新鲜的是好核桃；果仁干瘪、仁衣色泽暗黄或呈黄褐色、仁衣泛油、果肉发黑、粘手、有"哈喇味"的核桃说明已经变质，不能选用。

▶▶▶ 烹调与食用注意事项

　　1.每天吃1颗就足够了，不要吃得太多。

　　2.不要直接给宝宝吃核桃仁，要打成粉或磨成浆，也可以做成核桃泥喂宝宝。

　　3.发霉的核桃不能吃，因为会生成有致癌作用的黄曲霉素，危害宝宝的健康。

　　4.核桃浆最好加热煮沸后再给宝宝吃。

　　5.现做现吃，不要存放的时间太长。

▶▶ 黄金搭配

宜	芹菜	能增强核桃的营养价值，还可以预防便秘
	红枣	能发挥核桃的"暖身"作用
	山楂	食疗作用互相补充，具有补肺肾、润肠燥、消食积的功效

▶▶ 推荐辅食

核桃仁鸡汤糊

适宜范围：11个月以上的宝宝。

原料：核桃仁20克，鸡汤、鲜牛奶各适量，面粉30克，嫩菠菜叶20克，新鲜鸡蛋1个（约60克），植物油10克，奶油15克，盐少许。

制作方法：

1.将核桃仁剥去外皮，放到料理机中打成粉。

2.将鲜牛奶倒到一个干净的容器里，加入核桃粉，静置20分钟。

3.将菠菜叶放到开水锅里焯2～3分钟，捞出来沥干水，切成碎末备用。鸡蛋洗干净，打到碗里，加入奶油，用筷子搅匀。

4.锅内加入植物油，待烧到八成热时加入面粉炒2分钟。

5.加入鸡汤、调好的核桃牛奶，用小火煮10分钟，加入打好的鸡蛋和菠菜末，用小火煮2～3分钟，加入盐调味即可。

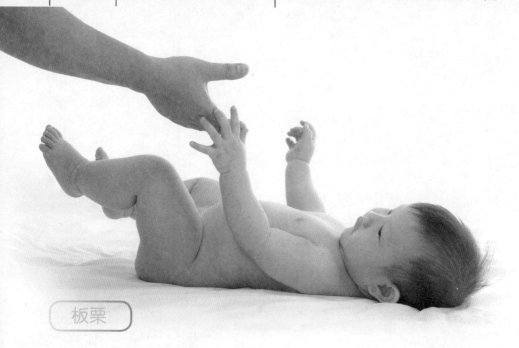

板栗

▶▶▶ 营养分析

板栗果肉甘甜芳香，含有丰富的糖类、蛋白质、胡萝卜素、维生素A、维生素B_1、维生素B_2、维生素C、钙、磷、钾、镁、铁、锌、锰等营养物质，可供人体吸收和利用的养分高达98%，具有养胃健脾、补肾强筋、补血活血的功效，是一种非常好的保健食品。

▶▶▶ 适用范围

板栗性温，具有健脾、养胃、补肾、活血的作用，对由于脾虚引起的反胃、食欲不振、泄泻、痢疾等病症有比较好的食疗功效，对经久难愈的口疮也有很好的治疗作用，是一种对宝宝的身体健康很有益处的食物。

但是栗子里的淀粉含量比较高，并且不容易消化，脾胃虚弱、容易消化不良的宝宝最好要少吃一点。

▶▶▶ 选购支招

首先，不要买发霉的栗子给宝宝吃。因为发霉的栗子吃了会使人中毒，一定要保证购买新鲜的栗子。在买栗子的时候，可以用"看、捏、摇、尝"四个方法鉴别栗子的质量。

"看"就是看栗子的外壳颜色。外壳颜色鲜红，带一点褐、紫、赭，富有光泽的栗子品质比较好；外壳变色、没有光泽或有黑斑的栗子是已经受热变质或被虫蛀过的栗子，品质比较差，最好别买。

"捏"就是捏果粒。如果感到颗粒坚实，则质量比较好；如果有空壳，说明果肉已经干瘪或酥软，质量不好。

"摇"就是取一颗或放在手里摇或抓一把栗子在台上抖，听一听有没有果肉和果壳撞击的声音。如果有，说明果肉已经干硬，很可能是隔年的陈栗子，最好不要购买。

"尝"就是尝果肉的味道和口感。好的板栗果仁淡黄、肉质细腻、结实、水分少、糯质足、香甜味浓的栗子是好栗子，可以放心购买；坚硬无味、口感差的栗子质量不好，就不要买。

这里需要说明的是：栗子的颗粒也不是越大越好。南方出产的栗子一般颗粒比较大，北方出产的栗子颗粒比较小，每500克在70～80只，质量也不错。

买栗子的时候也不要一味追求果肉的色泽洁白或金黄。因为金黄色的果肉有可能是化学处理的结果。有的栗子煮熟后果肉中间会有些发褐，这是栗子里面所含的酶发生"褐变反应"所致，只要果肉味道没变，对人就没有危害。

▶▶▶ 烹调与食用注意事项

1.用刀将生栗子切成两瓣，去掉外壳后放到一个干净的盆里，加上开水浸泡一会儿，再用筷子搅拌几下，就可以轻松地把皮去掉了。但是要注意：浸泡的时间不要太长，以免造成营养丢失。

2.煮栗子前在外壳上切一个十字形的刀口，再放到锅里煮，也有助于轻松地剥去栗子皮。

▶▶▶ 黄金搭配

宜	鸡肉	鸡肉造血，栗子健脾，两者搭配，具有很强的补血功能
	大枣	能够补血、健脾、补肾

>>> 推荐辅食

栗子粥

适宜范围：7个月以上的宝宝。

原料：鲜板栗10克，大米50克，清水适量。

制作方法：

1. 将大米淘洗干净，用冷水泡2个小时左右。

2. 将栗子剥去外皮和内皮，切成极细的碎丁。

3. 锅内加水，放入栗子煮熟，加入大米，煮至米熟，即可。

豆腐

>>> 营养分析

　　豆腐含有丰富的植物蛋白和钙、铁、磷、镁等营养物质，对宝宝牙齿、骨骼的生长发育有很大的促进作用，是一种食药兼备的补虚佳品。

>>> 适用范围

　　豆腐具有清热润燥、生津止渴、清洁肠胃、补中益气的作用，特别适合体质燥热的宝宝食用。由于豆腐里含有丰富的钙，并能增加血液中铁的含量，对因为缺钙而患佝偻病、发育迟缓和患缺铁性贫血的宝宝来说也是非常好的补益食物。但是豆腐性凉，脾胃虚寒、容易腹泻的宝宝最好少吃，以免引起或加重腹痛、腹泻的症状。

>>> 选购支招

　　优质豆腐颜色乳白或淡黄，有光泽，块形完整，软硬适中，没有杂质和豆渣，并具有一股特别的豆香味。颜色灰白或深黄、没有光泽、有酸败味或其他异味、表面粗糙、组织松散的豆腐质量不好，最好不要购买。但是也不能买颜色特别白的豆腐。色泽过白的豆腐有可能添加了漂白剂，吃了以后对宝宝的健康不利，所以不宜选购。买盒装的豆腐，一定要到有良好冷藏设备的场所选购，并要注意盒装豆腐的包装是不是有凸起，里面的水是不是混浊，有没有水泡。如果有，属于不良豆腐，千万不要购买。

▶▶▶ 烹调与食用注意事项

1.豆腐有一个不足之处，就是它所含的大豆蛋白缺少一种必需的氨基酸——蛋氨酸，如果单独食用蛋白质的利用率低；如果和鸡蛋、鱼、肉等富含蛋白质的食物搭配食用则可以提高豆腐中蛋白质的利用率，从而提高豆腐的营养价值。

2.豆腐很容易腐坏，买回家后应该立即浸泡到水中并放到冰箱里冷藏，烹调时再取出来，以保持新鲜。

3.最好是当天买当天吃，不要吃隔夜的豆腐。

▶▶▶ **黄金搭配**

	猪肉、鸡蛋、鱼肉	能够提高豆腐中蛋白质的吸收利用率，提高豆腐的营养价值
宜	海带	豆腐含有皂角苷，能促进宝宝体内碘的排出，引起甲状腺功能降低；与海带同吃，可以及时为宝宝补充碘，使宝宝不至于缺碘
	黄瓜	具有清热、解毒、消炎、利尿的功效
	白菜	具有补中、消食、清热、止咳的功效

▶▶▶ **推荐辅食**

什锦豆腐

适宜范围：10个月以上的宝宝。

原料：豆腐50克，猪瘦肉30克，黑木耳（干）10克，植物油适量，海味汤适量，白糖少许。

制作方法：

1. 将黑木耳用冷水泡发，洗干净，剁成碎末。

2. 将豆腐洗净，放入开水锅中煮1分钟左右，捞出来沥干水分，压成泥。

3. 将猪瘦肉洗净，剁成碎末。

4. 锅内加植物油，烧热，下入肉末炒熟。

5. 锅内加入海味汤，下入准备好的肉末和木耳末，用中火煮10分钟。

6. 加入豆腐，再煮3分钟，边煮边搅拌，加入白糖调味即可。

水果拌豆腐

适宜范围：10个月以上的宝宝。

原料：嫩豆腐20克，新鲜草莓10克，橘子20克，白糖、盐各少许。

制作方法：

1. 将草莓洗净，切成碎末备用；将橘子剥去皮，除去橘络和子，用小勺研碎。

2. 将豆腐放入开水锅中焯2～3分钟，捞出来沥干水分，剁成碎末备用。

3. 将草莓末、橘子泥加到豆腐里，加入白糖和盐，搅拌均匀即可。

新手妈妈 **必知** 的宝宝辅食 **小秘密**

宝宝初添辅食**小信号**

眼看宝宝就快满6个月了。在6个月之前的宝宝，最完美的食物——母乳，此时已经无法完全满足宝宝生长发育的需求，添加辅食需要被考虑在妈妈的养育日程里了。以下介绍的辅食知识，新手妈妈不可不知。

你知道给宝宝初添辅食的时间吗？

一般给宝宝初添辅食的时间宜从4~6月龄开始。但是，这并不意味着所有的宝宝都必需从4个月龄开始尝试辅食。现代养育观念以及专家主张，添加辅食时，应看婴儿是否有要吃辅食的要求，而不是看几个月该添加辅食；并且不主张为6个月以内的婴儿过早添加辅食，这是因为：

1. 对于能够吃到质优量足的母乳，且身高体重的增加都很健康的足月宝宝，母乳在6个月以前都是他们最完美的食物。

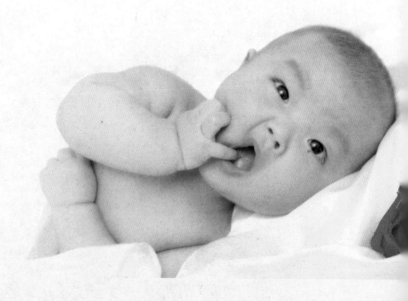

2. 早于6个月甚至4个月开始添加辅食，有引发宝宝消化不良及过敏反应的隐患，因为宝宝的消化系统还不够成熟，尚不能接受复杂的食物——特别是当父母有过敏史的情况下。

3. 由于味觉的发育，有些宝宝在尝到了母乳以外的食物后，会被丰富的味道所吸引，从而不愿意吃母乳了，影响了妈妈乳汁的分泌，而用营养相对单一的食物来取代完美的母乳，实在是一件得不偿失的选择。

怎样得知宝宝需要添加辅食了？

新妈妈要通过观察宝宝的表现，决定添加辅食的时间。一般来说，当宝宝想要且能够吃辅食时，会有以下的一些信号：

1 快半岁大的宝宝，常常在抓到任何东西后就往嘴里送。

2 当大人吃东西时，宝宝表现出极大的兴趣，或者喜欢抓大人正要吃的东西。

3 宝宝的背部发展到稍加扶持便可坐稳，头颈部肌肉的发育已完善，能够自主挺直脖子。

4 宝宝饿得很快，即便吃了足量的母乳或增加了喂奶的次数，也无法满足他这种饥饿的需求。

宝宝连续几天哭闹或表现得烦躁，但吃喝睡玩、大小便以及精神反应都正常，完全没有生病的迹象。

 只喂母乳的宝宝，近一两个月的身高、体重的增长都不太好，生长曲线过于平缓，不能达到正常标准。

 宝宝的吞咽功能完善，挺舌反射消失——当宝宝准备接受辅食时，舌头及嘴部肌肉将发展至可将舌头上的食物往嘴巴后面送，一起来完成咀嚼的动作，而不会总将送到舌头上的任何食物都往外吐。

不可不知的宝宝辅食添加过晚4大害处

宝宝像雨后的春笋，破土而出，长得好快，到6个月时，必须及时添加辅食，一旦得不到春雨的滋润，那么这棵春笋就会越长越弱，宝宝就会在身心发育等方面掉队啦。

 不能满足宝宝快速生长发育的营养需求

1. 使宝宝缺乏能量

食物是宝宝能量的来源，随着宝宝一天天长大，活动量也在不断增加，需要的能量越来越多了。母乳提供的能量会逐渐满足不了宝宝的需要，必须从辅食中得到补充。

糖类和脂肪是最主要的能量食物，我们平时吃的米面食，都属于糖类。糖类进入宝宝的消化系统后，在消化酶的作用下，最终变成葡萄糖被身体所利用，当葡萄糖不足时，首先感到"饥饿"的就是宝宝的大脑，一旦大脑"饿"了就要罢工，就会使思维慢、反应慢。

用油脂烹调的菜肴及肉类、干果等，都是脂肪的来源，脂肪包括植物油脂和动物油脂。对于宝宝来说，需要的脂肪相对比成人多。宝宝的脂肪摄入不足，就会缺乏能量，宝宝出现活动减少、容易劳累、身体瘦弱。

2. 使宝宝缺乏蛋白质

蛋白质对宝宝的生长发育起着至关重要的作用。宝宝的血液、肌肉及心脏、肝脏、肾脏等重要器官，都含有大量的蛋白质；宝宝的骨骼和牙齿含有许多的胶原蛋白；指、趾甲中含有角蛋白；全身不计其数的细胞和细胞中的膜结构，都需要蛋白质来建造。可以说，蛋白质是生命的物质基础，而这些蛋白质都必须从食物中获得。

如果蛋白质不足，就像盖大楼缺少了砖瓦水泥，宝宝的身体发育会受到严重影响，出现发育落后、体重和身高不达标、贫血、免疫力低下等。蛋白质在许多食物中都有，含量比较丰富的有肉类、蛋类、奶类、豆类及豆制品等。

3. 使宝宝缺乏维生素

宝宝缺乏维生素，会出现一系列不良症状：

缺乏维生素A，宝宝会有视力障碍、角膜软化、皮肤角化、免疫力低下等。

缺乏B族维生素，宝宝容易发生口角溃烂、脂溢性皮炎、惊厥等。

缺乏维生素C，宝宝的皮肤黏膜容易出血，肢体疼痛明显。

缺乏维生素D，宝宝会有多汗、夜惊，以及方颅、囟门闭合延迟、出牙晚等表现。

4. 使宝宝缺乏矿物质

钙、铁、锌、硒、碘等矿物质缺乏，对宝宝骨骼和牙齿的生长、神经肌肉活动、激素分泌等都有不利影响：

缺钙的宝宝，可能骨骼牙齿钙化不良、易发生肌肉抽搐。

缺铁的宝宝，容易出现贫血，影响智力发育。

缺锌的宝宝，经常食欲低下，生长缓慢。

缺碘的宝宝，甲状腺素合成分泌不足，导致生长发育落后，智力低下。

你知道这些辅食都富含什么营养吗？	
富含蛋白质	肉末、鸡蛋、鱼泥、豆腐
富含铁	肝泥、肉末、蛋黄
富含锌	畜禽肉、肝泥、蛋类、鱼泥
富含钙	鱼泥、虾皮、芝麻酱、豆制品
富含碘	紫菜、海带
富含维生素A	肝泥、鸡蛋、菠菜、胡萝卜、杏
富含维生素B_1	肝泥、瘦肉、豆类
富含维生素B_2	肝泥、蛋黄、菠菜、豆类
富含维生素D	鱼泥、肝泥、蛋黄
富含维生素C	番茄、柿子椒、柑橘、鲜大枣、山楂、猕猴桃

第二大害处 使宝宝的咀嚼功能缺乏锻炼

1. 宝宝从4个月开始就要长牙了，而且各种消化腺也日益成熟，消化酶的分泌越来越适合宝宝吃固体食物了。宝宝的这些变化，为将来过渡到成人饮食做好了准备。宝宝吸吮妈妈的奶水是天生就会的，而咀嚼食物的能力却需要锻炼。

2. 宝宝添加辅食对咀嚼、咬合等功能的训练具有重大意义，关系到口腔的感觉功能和上下腭的发育。最近科学家还发现，适当的咀嚼有利于宝宝视力的提高。因为，眼睛的脉络膜对眼球晶体具有调节作用，而脉络膜的调节功能有赖于面部的肌力，面部肌力的增强则得益于咀嚼强度。

3. 宝宝在6～9个月时，是培养咀嚼能力的黄金时期，妈妈一定要在这个时期及时为宝宝提供各种各样的食物，循序渐进地从糊状食物开始，过渡到吃固体食物。这个时期一旦错过了，再要宝宝接受较粗的食物就比较难了。

4. 有些宝宝由于辅食添加过晚，到1岁时才开始添加，咀嚼功能发育受到很大影响，他们容易养成不经咀嚼就吞咽的进食习惯。这种进食方式是最原始的，只适用于吃流质食物，对于固体食物如果不经过咀嚼，一是不利于食物的完全消化，二是会增加胃肠负担，容易导致宝宝出现消化不良和消化系统疾病。

/小贴士/ **咀嚼功能锻炼**

给宝宝添加辅食，应按照从少到多、从稀到稠、从细到粗、从液体到固体的原则，这样才能逐步锻炼宝宝的咀嚼能力。

第三大害处

使宝宝养成偏食的不良饮食习惯

1. 宝宝添加辅食的过程，也是重要的学习过程，对食物形态、质地、味道的认知，主要发生在这一时期。妈妈不仅要注意宝宝辅食的营养，还要培养宝宝对食物的味道、口感、质地的好感，让宝宝乐于接受各种食物，防止出现偏食的不良习惯。

2. 如果辅食添加过晚，就等于剥夺了宝宝学习进食的机会，在添加辅食的一段时间里，宝宝没有体验过某些食物的味道和质感，他就不愿意接受这种食物，从而养成偏食的毛病。这种习惯可以延续很长时间，甚至伴随宝宝一生，对他今后的成长形成不良影响。

3. 纠正宝宝偏食是令许多妈妈头痛的问题，而且宝宝越大越难纠正。为了防患于未然，重视宝宝添加辅食的过程，科学合理地喂养，就能轻轻松松地防止宝宝偏食。

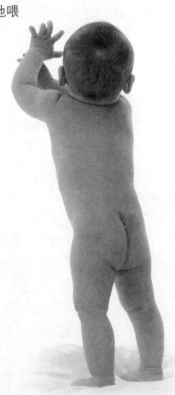

／小贴士／　宝宝爱上辅食小妙招

1. 经常变换辅食花样，让宝宝保持新鲜感。

2. 每天固定时间喂辅食，让宝宝形成习惯。

3. 饭前2小时不要给宝宝吃糖果或含糖饮料，以免血糖升高影响食欲。

4. 宝宝偶有食欲不好，不想吃辅食，这很正常，妈妈不要过分在意，更不能强逼、呵斥宝宝。一旦宝宝形成畏惧吃饭的心理阴影，是很难消除的。

5. 妈妈要给宝宝做个好榜样，首先自己不偏食。宝宝是很聪明的，如果他看到妈妈吃饭挑三拣四，他也会养成挑食的习惯。

第四大害处 使宝宝的心理发育受到影响

1. 随着乳牙的萌出，消化功能的逐渐成熟，宝宝已能适应半流质或半固体食物的饮食。在添加辅食的初期，辅食提供的热量约占全部食物提供热量的10%左右；等到宝宝8~9个月时，辅食提供的热量占到了全部食物热量的一半；对于1岁左右的宝宝，辅食提供的热量已经达到全部食物热量的60%以上，这给宝宝断母乳打下了良好的基础。

2. 断奶对宝宝来说不仅是生理发育的进步，也是心理成长的一个非常重要标志，一般发生在宝宝1岁半到2岁，被称为"第二次母婴分离"。

3. 辅食添加过晚，必定造成宝宝断奶延迟，如果宝宝断奶太晚，容易使宝宝产生恋乳、恋母的心理，这对宝宝成长不利，妈妈一定要重视。

4. 宝宝的恋乳心理越强，就越不愿意吃辅食，这会对宝宝过渡到成人饮食造成困难，最终造成消瘦、营养不良、体质差等后果。

5. 恋母心理强的宝宝，往往胆小、孤僻、害羞、独立意识差、依赖性强。这样的宝宝不爱和同龄的小朋友玩，表现为不合群。这种不正常的心理会伴随宝宝很长时间，甚至导致他长大成人后难以融入成人世界，总像个长不大的孩子。

---/小贴士/ **断奶小方法** ─────

1. 刚开始断奶时，妈妈每天先给宝宝减掉一顿奶，辅食量相应加大；过一周左右，如果妈妈感到乳房不太发胀，宝宝的消化和吸收情况也很好，就可再减去一顿奶，同时加大辅食量，依次逐渐断掉奶。

2. 如果宝宝对妈妈的奶水非常依恋，减奶时最好从白天喂的那顿奶开始。因为，早晨和晚上宝宝往往特别依恋妈妈，需从吃奶中获得慰藉感，因此不易断开。

3. 在宝宝断掉白天那顿奶后，再慢慢给他断掉夜间喂奶，直至过渡到完全断奶。

妈妈必知的宝宝初添辅食四大原则

添加的品种——由一种到多种

添加辅食初期，务必一次只添一种，切不可贪多；每增加一种新的食物时，都应当有三四天到一周的适应期，看看第一次试吃后以及逐渐加量后，宝宝是否会有不适反应，如发烧、呕吐、腹泻、起皮疹、喘气困难、食后哭闹明显且难安抚等。确定没有任何问题后，才能添加新辅食。

添加的食量——由少到多

初试某种新食物时，最好由一勺尖那么少的量开始，观察宝宝是否出现不舒服的反应，然后才能慢慢加量。比如添加蛋黄时，先从1/4个甚至更少量的蛋黄开始，如果宝宝能耐受，1/4的量保持几天后再增加到1/3的量，然后逐步加量到1/2、3/4，直至整个蛋黄。

添加的浓度——由稀到稠

最初可用母乳、配方奶、米汤或水将米粉调成很稀的稀糊来喂宝宝，确认宝宝能够顺利吞咽、不吐不呕、不呛不噎后，再由含水分多的流质或半流质渐渐过渡到泥糊状食物。

食物的质地——由细到粗

千万不要在辅食添加的初期阶段尝试米粥或肉末，无论是宝宝的喉咙还是小肚子，都不能耐受这些颗粒粗大的食物，还会让因吞咽困难而对辅食产生恐惧心理。正确的顺序应当是汤汁→稀泥→稠泥→糜状→碎末→稍大的软颗粒→稍硬的颗粒状→块状等。比如从添了奶或汤汁的土豆泥、到纯土豆泥、到碎烂的小土豆块的过渡。

Part 3

特殊辅食，
为宝宝的健康加分

缺钙宝宝的食疗方案

▶▶▶ 判断宝宝是否缺钙

0~1岁的宝宝生长迅速，但是饮食比较单调，而且很少接触到阳光，一旦不加注意就容易引起钙的吸收不足而导致各种缺钙表现。家长可以根据宝宝的一些症状和表现来初步判断宝宝是否缺钙。

1.虽然室温不高，宝宝仍然容易出汗，尤其是入睡后头部出汗，使宝宝头颅不断摩擦枕头，久之颅后可见枕秃圈。

2.宝宝精神烦躁，对周围环境不感兴趣，个性也变得不如以往活泼。

3.夜间常突然惊醒，啼哭不止。

4.牙齿生长缓慢，囟门迟迟不闭合，这也是缺钙的表现之一。

严重缺钙还会导致宝宝肋软骨增生，各个肋骨的软骨增生连起似串珠样，常压迫肺脏，使小儿通气不畅，容易患气管炎、肺炎。到了1岁之后，宝宝如果严重缺钙，就会导致骨质软化，站立时身体重量使下肢弯曲，有的表现为"X"形腿，有的表现为"O"形腿，并且容易发生骨折。

如果发现宝宝有以上疑似缺钙的症状，建议父母最好送宝宝去医院进行检查，确诊是否缺钙，并在医生指导下进行治疗。如果症状较重，可在医生指导下补充维生素D和钙剂。

缺钙症状较轻的宝宝，可以通过食补方式来提升体内钙含量。平时应注意多给宝宝吃鱼、虾皮、海带、排骨汤等富含钙的食物，同时多吃含维生素D丰富的食物，如猪肝、羊肝、牛肝，来促进钙的吸收。

▶▶▶ 食疗方案一：山药芝麻泥

适宜范围：5个月以上的宝宝。

原料：新鲜山药50克，黑芝麻（炒熟）50克。

制作方法：

1.将山药削去皮，切成小块，放到一个干净的小碗里，放到锅里蒸熟。

2.将蒸好的山药用小勺捣成泥。

3.将黑芝麻放到研磨器里研成粉。

4.将黑芝麻粉加到山药泥里，搅拌均匀即可。

营养师告诉你

芝麻里含有丰富的钙，山药则有促进钙吸收的作用。二者相配，是缺钙宝宝的理想美食。

超级啰唆

一定要现吃现做，因为芝麻捣碎后容易被氧化，如果不及时吃，就降低补钙效果。

- -

▶▶▶ 食疗方案二：蛋黄奶香粥

适宜范围：7个月以上的宝宝。

原料：新鲜鸡蛋一个，大米50克，牛奶60毫升（或配方奶粉1小勺），清水适量，盐少许。

制作方法：

1.将大米淘洗干净，用冷水浸泡1~2小时。

2.将鸡蛋洗干净，煮熟，取出蛋黄，压成泥备用。

3.将大米连水倒入锅里，先用大火烧开，再用小火煮20分钟左右。

4.加入蛋黄泥，用小火煮2~3分钟，边煮边搅拌，加入牛奶（或配方奶）调匀，加入盐调味即可。

营养师告诉你

牛奶中含有丰富的钙，蛋黄中含有一定量的维生素D，既可以提供丰富的钙，又能促进宝宝对钙的吸收利用，帮助宝宝早日摆脱缺钙的烦恼。

超级啰唆

盐一定要少加，只要有淡淡的咸味就可以了。

▶▶▶ 食疗方案三：虾皮碎菜包

适宜范围： 10个月以上的宝宝。

原料： 虾皮5克，小白菜50克，鸡蛋1个（约60克），自发面粉适量，些许调味品等。

制作方法：

1.用温水把虾皮洗净泡软后，切得极碎，加入打散炒熟的鸡蛋；小白菜洗净略烫一下，也切得极碎，与鸡蛋调成馅料。

2.自发面粉和好，略醒一醒，与馅包成提褶小包子，上笼蒸熟即可。

营养师告诉你

虾皮含有丰富的钙、磷，小白菜经氽烫后可去除部分草酸和植酸，更有利于钙在肠道内的吸收。

超级啰唆

制作前，最好先将面粉发酵。

▶▶▶ 食疗方案四：骨汤面

适用范围： 适合7个月及以上的宝宝食用。

原料： 猪或牛胫骨或脊骨200克，龙须面5克，青菜50克，精盐少许，米醋数滴。

制作方法：

1.将骨砸碎，放入冷水中用中火熬煮，煮沸后酌加米醋，继续煮30分钟后，将骨弃之，取清汤。

2.将龙须面下入骨汤中，将洗净、切碎的青菜加入汤中煮至面熟；加少许盐调味即可。

营养师告诉你

汤中含有胶原蛋白、脂肪、钙、磷等人体易于吸收的营养，可促进宝宝成长。

超级啰唆

熬大骨汤时最好把大骨头敲开，水最好一次性放够，起锅后再加入少许盐可留住汤中的营养。

▶▶▶ 食疗方案五：紫菜豆腐羹

适用范围：适合9个月及以上宝宝食用。

原料：紫菜（干）40克，豆腐 300克，西红柿 100克，小米面 10克，盐适量。

制作方法：

1.紫菜先用不下油之白锅略烘，再洗干净，用清水浸开，再用沸水煮一会，拭干水分，剪成粗条；豆腐切成小方粒，西红柿洗净去皮切成小块备用。

2.锅置火上，加油约2汤匙，放下番茄略炒，加入水小半碗，待沸后，再加入豆腐粒与紫菜条同煮。

3.以1汤匙小米面混合半碗水，加入煮沸的紫菜汤内，加盐调味即可。

营养师告诉你

　　此菜是含大量钙的食品，能帮助宝宝骨骼生长，豆腐含丰富的钙，紫菜等海藻食物含丰富的碘，碘是甲状腺素的基本元素，对宝宝的生长发育及新陈代谢是非常重要的。

超级啰唆

　　把西红柿与豆腐同炖，西红柿中的维生素C能促进豆腐中的钙吸收；鱼肉中含有的维生素D也可促进豆腐中的钙吸收，豆腐与鱼一起炖也是适合宝宝的营养美味菜肴。

▶▶▶ 怎样预防宝宝缺钙

1.0～5个月的宝宝每天对钙的摄取量为300毫克，只要每天饮母乳或配方奶，便可满足身体对钙的需要。

2.多晒太阳。晒太阳可促使皮肤中的一种物质转化为维生素D，维生素D是钙在体内吸收利用的必需营养素。维生素D在食物中含量很少，宝宝的饮食又单调，所以，适当晒太阳是一种非常好的方法。可以在上午10点左右和下午15～16点带宝宝到户外晒半小时太阳，此时阳光中紫外线的A光最为丰富，能促进钙、磷吸收。

3.早产儿及双胞胎应在出生后1～2周开始补充维生素D，足月儿应在出生后2～4周开始补充。6个月以内的宝宝每天补充400国际单位，此后每天补充400～600国际单位。补充维生素D应持续到2岁至2岁半。等宝宝户外活动增加，饮食种类也多样化之后，就不需要额外补充维生素D了。

4.5～11个月时，宝宝对钙的摄取量每天增至400毫克，同时注意安排乳制品、小虾皮、鱼类等富钙食物。但应注意，不要把钙剂当成营养品。如果每日奶量大于500毫升，可不额外添加钙。如果食入过量的钙，可因机体调节机制的作用而减少钙的吸收，还可能降低对蛋白质与脂肪的吸收。故钙过量不仅无益反而有害。

缺铁性贫血宝宝的食疗方案

▶▶▶ 判断宝宝是否缺铁

除了少数先天性的缺铁性贫血，大部分宝宝患有缺铁性贫血主要还是由于平时饮食、生活习惯不当导致的。在4个月之前，宝宝的体内还储存着从母体带出的充足铁质，但4个月之后，宝宝就必须靠自己的饮食来摄入身体所需的铁质了。但光靠母乳是无法满足宝宝铁质的需求的。宝宝在婴儿时期每天需要铁约为10毫克，一般母乳含铁约为1.5毫克/升，牛奶为0.5毫克/升；而母乳中的铁只有50%可被吸收。显然如果不通过其他途径补充铁剂，就必然会导致宝宝缺铁性贫血。

所以，等宝宝进入断奶期，一旦喂养不当，没有给宝宝及时补充铁质，就非常容易让宝宝发生缺铁性贫血。

患有缺铁性贫血的宝宝一般常有烦躁不安、精神不振、活动减少、食欲减退、皮肤苍白、指甲变形（反甲)等表现；较大的宝宝还可能跟家长说自己老是疲乏无力、头晕耳鸣、心悸、气短，病情严重者还可出现肢体水肿、心力衰竭等症状。

患有缺铁性贫血的宝宝如果不及时补铁，可能会出现体力下降、记忆力下降、细胞免疫水平下降、生长发育迟缓等症状，易诱发感冒、气管炎等上呼吸道感染。缺铁还会影响婴幼儿智能发育，使宝宝出现神经精神症状。所以，一旦发现宝宝有贫血的症状，就应立即去医院进行贫血检查，不应擅自盲目用补血药，以免延误诊断和治疗。

▶▶▶ 食疗方案一：黑芝麻糊

适宜范围： 5个月以上的宝宝。

原料： 黑芝麻（炒熟）50克，白糖5～10克。

制作方法：
将黑芝麻研成粉和白糖混合均匀即可。

营养师告诉你

黑芝麻里含有丰富的铁，还具有滋肝、益肾、养血、润燥的作用，对缺铁的宝宝非常有好处。

超级啰唆

1.吃的时候取15克，用开水调成比较稀的糊给宝宝喝。

2.可以长期吃。

3.不要和鸡肉一起吃。

▶▶▶ 食疗方案二：肝泥蛋羹

适宜范围：7个月以上的宝宝。

原料：新鲜猪肝30克，新鲜鸡蛋1个，香油5～10滴，盐少许。

制作方法：

1. 将猪肝洗干净，放入开水锅中焯一遍，捞出来剁成泥。

2. 把猪肝泥放入碗内，放到锅里蒸熟，取出备用。

3. 将鸡蛋洗干净，打到碗里，用筷子搅散，将肝泥加到蛋液里调匀。

4. 放到锅里蒸8～10分钟。

5. 加入盐和香油调味，即可。

营养师告诉你

猪肝和蛋黄里都含有丰富的铁，很适合缺铁的宝宝吃。

超级啰唆

猪肝一定要反复冲洗，最好用清水或淡盐水浸泡30分钟。

▶▶▶ 食疗方案三：蛋黄粥

适用范围：适宜6个月及以上的宝宝食用。

原料：大米50克，鸡蛋黄2个，菠菜50克，食盐和香油等适量。

制作方法：

1. 大米用冷水洗净，菠菜择洗干净，用开水烫一下后切成小段，蛋黄搅拌均匀。

2. 锅内放水烧开，放入大米煮至烂熟，放入蛋黄液和菠菜，搅拌均匀后加入适量食盐、香油调味即可。

营养师告诉你

此粥黏稠，有浓醇的米香味，富含婴儿发育所必需的铁。

超级啰唆

也可在蛋黄粥中加入山药、菠菜、猪肝、豆腐等食材，让宝宝饮食多样化，促进营养均衡。

▶▶▶ 食疗方案四：猪肝蔬菜汤

适用范围： 适合10个月以上宝宝食用。

原料： 猪肝泥20克，胡萝卜泥10克，菠菜泥10克，去油高汤适量。

制作方法：

先将猪肝泥和胡萝卜泥一起放入锅里，加入适量去油高汤煮熟；最后加入菠菜泥，略煮即可。

营养师告诉你

猪肝中含有丰富的维生素K，是合成、促进凝血物质时所必需的营养素，搭配甜甜的胡萝卜，非常适合宝宝的胃口。

超级啰唆

为避免烹煮后偏硬、影响口感，建议妈妈先将猪肝刮成细浆后，再制成好吃的辅食。

▶▶▶ 怎样预防宝宝缺铁

1.适时给宝宝增加动物肝脏、瘦肉、牛肉、鱼肉、鸡蛋黄、菠菜、豆制品、黑木耳、大枣等含铁量高且易吸收的食物。

2.人工喂养的宝宝应添加铁剂，防治贫血。因为牛奶含铁量较少，吸收率也只有10%。

3.多给宝宝喂富含生素C的食物，如橘子、橙子、西红柿、猕猴桃等。维生素C可促进体内铁的吸收，有助于预防和治疗宝宝贫血。

4.用铁制炊具如铁锅、铁铲来烹调食物，有助于促进铁元素的吸收。

宝宝吐奶的食疗方案

　　不论是吃母乳还是人工喂养，宝宝出生后2周至3个月期间都容易吐奶。如果是刚吃完奶后宝宝的嘴角有少量的奶液流出，吐奶前后没有痛苦的表情，尿量很多并且体重增长正常的话就不用担心。这只是正常的溢奶，是宝宝在吃奶的时候把空气带进了胃里造成的。如果宝宝吐奶的时候有张口伸脖、痛苦难受的表情，吐奶的量也比较大，甚至出现喷射状吐奶，就说明宝宝的身体有问题了。这时候需要赶快带宝宝去医院检查和治疗。

▶▶▶ 食疗方案：粳米水

　　适用范围：4个月以上的宝宝。

　　制作方法：

　　取粳米30克，炒焦（炒成黄色），加水3~4碗（600~800毫升）煮成稀米汤。或取米粉25克，炒焦，加水3碗（约500毫升），煮3~5分钟。

　　用法与用量：在两次喂奶之间服用。每天2~3次，每次100~150毫升。

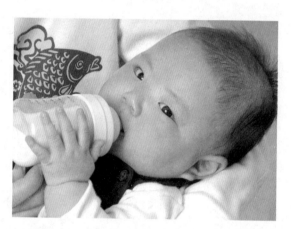

　　食疗原理：粳米性味甘平，为滋养强壮食品，有补脾养胃的功效。炒过的粳米益胃除湿，可以开胃、止吐、助消化，对因消化不良引起的吐奶有比较好的治疗作用。

▶▶▶ 采取有效措施，预防宝宝吐奶

　　1.采用正确的喂奶姿势：喂奶的时候要抱起宝宝，使宝宝的身体处于45°左右的倾斜状态，奶液容易从胃里流入肠道，可以大大降低宝宝吐奶的概率。

　　2.喂完奶不要急着放下宝宝，要先帮宝宝拍嗝。具体拍法是：竖着抱起宝宝，让宝宝的头靠在自己的肩上，轻轻拍打后背5分钟以上，直到宝宝打了嗝为止。

　　3.拍完嗝以后先让宝宝侧着躺一会儿，再让宝宝仰卧。

　　4.喂奶间隔的时间不要太短，一次的奶量不要过多。

宝宝便秘的食疗方案

一般来说，两个月以内的宝宝每天的大便次数是3~4次，两个月以后就变成了1~2次。如果发现宝宝在排便的时候表情痛苦，排出来的粪便很硬，或是好几天都不大便，同时食欲又不如以前的时候，妈妈们就要注意：宝宝很可能在承受着便秘的折磨了。便秘不但会给宝宝带来痛苦，还容易使宝宝不敢再大便，导致粪便在肠道里停留时间变长而变得更干，使宝宝排便更困难，形成恶性循环。时间长了，还会引起宝宝腹胀、食欲减退和夜哭等症状。所以，必须要重视，不能掉以轻心。

▶▶▶ 食疗方案一：加糖的果汁和果水

适用范围：2~4个月母乳喂养的宝宝。

制作方法：

将新鲜水果洗净，切碎，放到榨汁机里榨出果汁或放到锅里煮出果水，加入适量白糖即可。

用法与用量：在两次喂奶之间服用。每天2~3次，每次50~100毫升。

食疗原理：水果中含有膳食纤维、维生素及各种矿物质，可以促进肠胃蠕动，帮助宝宝排便。

注意事项：如果想给宝宝喂加糖的果汁，必须用新鲜水果自己榨汁，苹果汁、橘子汁、番茄汁、西瓜汁、桃汁、大枣水等都很不错，不能用市面上出售的瓶装果汁代替。

▶▶▶ 食疗方案二：香蕉泥

适用范围：4个月以上的宝宝。

制作方法：取70克香蕉肉，除去白丝，切成小块，放入搅拌机中，加上10克白砂糖和5克柠檬汁，搅成均匀的果泥。

用法与用量：在两次喂奶之间服用。分成2~3次吃完。

食疗原理：香蕉含有丰富的纤维素和果胶，能够促进肠胃蠕动，所以具有润肠、通便的作用。

注意事项：一定要选用熟透的香蕉来做。生香蕉里含有大量鞣酸，不但不能帮助通便，还会加重宝宝便秘的程度。不要和红薯一起吃。

▶▶▶ 四个小措施，帮宝宝轻松排便

1.用开塞露通便。让宝宝向左侧卧，将开塞露的尖端剪开，修理光滑开口处，先挤出少量的药液润一下宝宝的肛门外缘，然后轻轻插入肛门，用力挤压塑料壳后端，使药液注入肛门内，然后退出空壳。一般10分钟左右就可以排便。适用于宝宝很多天不大便的情况，不建议经常使用。

2.用咸萝卜条通便。把萝卜切成直径1厘米左右、长3~5厘米的圆锥形细条，在40%~50%的盐水中浸泡4~6天，用凉开水冲洗干净，蘸上一点食用油轻轻地塞到宝宝的肛门里，用手抓住一端轻轻拉扯3~5分钟，即可使宝宝排便。适用于宝宝很多天不大便的情况，不建议经常使用。

3.用肥皂条通便。将家里日常用的肥皂削成直径1厘米左右、长3厘米左右的圆锥形细条，蘸上少量水，轻轻地塞到宝宝的肛门里，也可以使宝宝排便。适用于宝宝很多天不大便的情况，不建议经常使用。

4.为宝宝做腹部按摩。让宝宝仰卧在床上，用双手的食指、中指、无名指重叠着放在宝宝的腹部外侧，按顺时针方向轻轻地为宝宝沿着腹部做环形按摩，可起到刺激肠蠕动，帮助宝宝排便的作用。

宝宝腹泻的食疗方案

一般来说，宝宝的腹泻可分为感染性和非感染性两种：感染性腹泻主要是由于宝宝的肠道感染了病毒（以轮状病毒为最多）、细菌、真菌、寄生虫等引起的。非感染性腹泻主要是由于喂养不当，如进食过多、过少、过热、过凉，突然改变食物品种等因素导致的消化不良引起的。感染病毒的宝宝，大便次数每天多达十几次，大便中大多有很多水分。消化不良引起的腹泻，轻的大便次数增多，变稀，偶尔伴有呕吐、食欲不振等症状；重的大便次数增加到一天十余次甚至几十次，大便呈水样、糊状、黏液状、脓血便等形态，同时还伴有高热、烦躁、精神萎靡等现象。腹泻通常会使宝宝脱水，严重的话还会引起休克。经常性的腹泻会使宝宝出现营养失调，延缓宝宝的生长和发育。

预防宝宝腹泻最好的办法是进行母乳喂养。不能做到母乳喂养的宝宝，最好是先通过调节饮食来改善状况，尽量做到少吃药。

▶▶▶ 消化不良型腹泻食疗方案一：脱脂奶

适用范围：1～4个月的宝宝。消化不良引起的腹泻。

制作方法：

将牛奶或刚冲调好的配方奶粉在冰箱里放6～8个小时，等表面凝结后再拿出来，剔掉上面的那层"奶皮"。将余下的奶煮沸，再放到冰箱里去凝结和剔除"奶皮"。这样剔除3次，就可以达到半脱脂的目的。

用法与用量：作为正餐直接喂给宝宝。

食疗原理：刚出生不久的宝宝消化系统发育不完全，胃肠功能弱。脂肪等难消化的东西吃得过多，就会增加宝宝的胃肠负担，引起消化不良和腹泻。让宝宝喝这种脱过脂的奶，既能补充蛋白质，又能防止脂肪摄入过多引起的消化不良。

注意事项： 母乳喂养的宝宝出现腹泻时不要轻易断奶。只要缩短喂奶时间，只让宝宝吃前一半的乳汁就可以了。因为母乳的前半部分蛋白质含量较多，富有营养并且容易消化；后一半才是含脂肪多的不容易消化的部分。腹泻次数过多的宝宝，喂脱脂奶的时候要先用开水稀释，然后再让宝宝吃。

▶▶ 消化不良型腹泻食疗方案二：焦米汤

适用范围： 4个月以上的宝宝。消化不良引起的腹泻。

制作方法： 把米粉或奶糕研成粉，炒至焦黄，加水和适量的糖，煮成稀糊状即可。或者取30克粳米炒焦（炒成黄色），加上600～800毫升（3～4碗）水，煮成米汤。

用法与用量： 代替一次喂奶。每天2～3次，每次100～150毫升。

食疗原理： 大米或米粉富含糖类，炒焦后变得容易消化，并且不含乳糖，最适合因为腹泻使体内乳糖酶降低的宝宝。炒焦的部分能吸附肠黏膜上的有害物质，是宝宝腹泻时的首选食品。

注意事项： 只有出生后满3个月的宝宝，才能通过喝焦米汤来止泻。腹泻严重时，宜先给宝宝喂稀米汤，病情好转后再喂稠一点的米汤，以免给宝宝的胃肠增加负担。

▶▶ 消化不良型腹泻食疗方案三：山楂萝卜汤

适用范围： 4个月以上的宝宝。消化不良引起的腹泻。

制作方法： 取25克鲜山楂、50克白萝卜，切成片，一起放到锅里，加入适量清水，用小火煮成一小碗汤（100克左右），滤去渣，只给宝宝喝汤。

用法与用量： 直接喂给宝宝。一次喝1剂，一天喝2次。

食疗原理： 山楂含有酒石酸、柠檬酸、山楂酸、苹果酸等多种有机酸，还含有解脂酶，能分泌胃液和增加胃内酶素的功能，具有消积化滞、收敛止痢的功效，对由于脂肪消化不良引起的腹泻有很好的食疗作用。白萝卜中含有芥子油，能够促进胃肠蠕动，帮助消化，对宝宝消化不良引起的腹泻有比较好的疗效。

注意事项： 脾胃虚寒的宝宝慎用。

▶▶▶ 病毒性腹泻食疗方案一：焦麦粉糊

适用范围：4个月以上的宝宝。病毒感染引起的腹泻。

制作方法：取250克小麦粉，在一个干净的锅里用小火炒到颜色焦黄，喝的时候用开水冲调成比较稠的面糊即可。

用法与用量：每次30克左右，一天2～3次。

食疗原理：炒焦的面粉能够吸附宝宝肠道内的病毒、细菌和其他毒素，减轻宝宝的腹泻症状。

注意事项：如果宝宝不喜欢这个味道，可以少加点白糖改善一下口味。

▶▶▶ 病毒性腹泻食疗方案二：栗子糊

适用范围：5个月以上的宝宝。病毒感染引起的腹泻。

制作方法：取7~10枚板栗，剥去皮，将栗子肉放到榨汁机里打成碎末（也可以自己捣烂），放到锅里加适量的水煮成比较稀的糊。

用法与用量：每次30克左右，一天2~3次。

食疗原理：板栗里面含有丰富的淀粉，能够吸附宝宝肠道内的病毒、细菌和其他毒素，减轻宝宝的腹泻症状。此外，板栗还具有补脾健胃的作用，有利于宝宝肠胃功能的恢复，缩短病程。

注意事项：要把栗子的外皮和内皮都剥掉，并拣干净碎渣。如果宝宝不喜欢这个味道，可以少加点白糖改善一下口味。

▶▶▶ 护理腹泻宝宝的注意事项

1.如果宝宝平时大便次数较多，但是精神很好，体重增长符合正常的生长曲线，就不是腹泻。如果宝宝平时每天仅有1~2次大便，突然增加到了5~6次，则要考虑是否有腹泻的可能。

2.当宝宝出现腹泻症状时，千万不要以为宝宝身体虚弱而一味地给宝宝添加牛奶、鸡蛋等高脂肪、高蛋白的食物，这样只会加重宝宝的肠胃负担，使腹泻加重。这时要给宝宝喂一些米汤、糖盐水等比较容易消化的食物，以减轻宝宝的肠胃负担，使宝宝的消化功能早日得以恢复，才能早日止住腹泻。

3.通过观察宝宝的大便，可以大致了解到是什么食物造成宝宝消化不良：如果宝宝的大便臭味比较浓，表示对蛋白质消化不良，这时应适当减少奶量，或将奶粉冲稀，以利于宝宝消化；如果宝宝的大便中有很多泡沫，表示对糖类消化不良，必须减少或停喂淀粉类的食物；如果宝宝的大便呈现奶油状，则表示对脂肪消化不良，应该减少宝宝对油脂类食物的摄入。

4.还要注意保护宝宝的臀部：便后要用细软的卫生纸轻擦，或用细软的纱布蘸水轻洗。洗完后可以在肛门周围涂上些油脂类的药膏，并要及时更换尿布，避免被粪便和尿液浸渍的尿布与皮肤摩擦，以防止使宝宝出现红臀或皮肤溃烂。

5.刚开始腹泻时，宝宝只是轻度脱水，在家里采取一些简单的饮食调整，比急着去医院的效果要好得多，还能减少很多不必要的麻烦。妈妈们该怎么判断宝宝是不是轻度脱水呢？轻度脱水的宝宝，嘴唇比平时要干，尿量比平时少，颜色发黄，并且容易烦躁、爱哭。如果发现你的宝宝开始变得不喜欢玩了，嘴唇变得更干燥，哭的时候没有眼泪或眼泪比平时量少，前囟门有些凹陷，尿的颜色变得浓黄并且6个小时不尿的话，宝宝可能已经达到了中度脱水了。除了及时给宝宝补充水分外，还要立刻送医院诊治，避免发展成严重脱水。

6.即使在腹泻，也不要给宝宝禁食，相反，还要让宝宝多进食。给宝宝吃的食物要以奶、米汤、粥等容易消化的流质和半流质食物为主，可以采取少量多餐的喂哺方式。只有一种情况需要禁食，就是当宝宝频繁呕吐时。这时不但要禁食，还要赶紧带宝宝到医院诊治。

宝宝发热的食疗方案

一般来说，宝宝的正常体温会比成年人高一点，这是由于宝宝吃奶、哭闹等生理活动时产生更多热量导致的。平时只要宝宝的腋窝温度不超过38.0℃，或体温略有升高但宝宝的全身状况良好，又没有其他的异常表现，就不需要担心。因为这属于宝宝正常的体温波动，过一会儿就会自动恢复正常。但是，如果在体温升高的同时，宝宝出现面色苍白、呼吸加速、情绪不稳定、恶心、呕吐、腹泻、出皮疹等现象，就可能是在发热，需要赶紧送医院治疗。

▶▶ 食疗方案一：金银花露水

适用范围：1个月以上的宝宝。

制作方法：用从药房买来的金银花露按1：1的比例兑上开水，调匀了给宝宝喝。

用法与用量：在两次喂奶之间喂服。每次60～100毫升，每天2～3次。

食疗原理：金银花味甘、性寒，具有清热解毒、疏散风热的作用。喝奶粉的宝宝容易上火，适当地喝一点对身体有好处。

注意事项：如果服用3天症状仍没有明显改善，或出现其他严重症状，就要立即停药并去医院检查。

注意事项：高烧期间不宜饮用。

▶▶▶ 食疗方案二：西瓜汁

适用范围：4个月以上的宝宝。

制作方法：取50～100克西瓜肉，除去瓜子，用干净的纱布绞出汁即可。

用法与用量：在两次喂奶之间喂服。按1∶1的比例用温开水或凉开水稀释后喂宝宝。

食疗原理：西瓜味甘性寒，可以清热。

注意事项：西瓜性凉，有的宝宝开始喝西瓜汁会拉肚子，开始的时候量一定要少，并且要加水稀释，不宜喝纯汁。宝宝喝了没有异常后再逐渐加量。3个月内的宝宝一次别超过50毫升。西瓜是利尿的，喝了容易尿多，要注意常把尿！喂奶前后不要喂。

▶▶▶ 食疗方案三：蔗浆粥

适用范围：5个月以上的宝宝。发高热，甚至出现惊厥的宝宝。

制作方法：取100毫升新鲜青甘蔗现榨的甘蔗汁，加上适量清水和100克粳米，先用大火烧开，再用小火煮成比较稀的粥即可。

用法与用量：每天1剂，分2～3次吃完。

食疗原理：青甘蔗味甘性凉，入肺、胃二经，具有清热、下气、生津、润燥的作用，对热病伤津引起的心烦有很好的疗效。

注意事项：发霉、有酒味和酸味、瓤部颜色发红的甘蔗不能用，以免使宝宝中毒。

▶▶▶ 发热宝宝的家庭护理

1.适当减少宝宝穿着的衣物，让宝宝卧床休息，注意保持室内安静。

2.室内温度保持在20℃左右。开门和开窗不要同时进行，以免出现对流风，使宝宝着凉。

3.每天早晚用消毒棉蘸上浓度为3%的硼酸水为宝宝轻轻地擦洗口腔。大一些的宝宝可以用淡盐水含漱。

4.宝宝的饮食要清淡，以流质或半流质为主，并要给宝宝多喝水。

5.如果宝宝因为发热而食欲不振，千万不要勉强宝宝进食，而是要顺其自然，等宝宝有饥饿感时再吃。

6.即使发高烧时也不要用冰块给宝宝敷额头或让宝宝睡冰枕，而应该采用温和的方法来降温：用37℃左右的温水为宝宝擦拭全身，或是用毛巾蘸上25℃左右的温水为宝宝擦拭额头和脸等部位，就可以使宝宝的体温降低。

宝宝感冒的食疗方案

和大人们一样，感冒也是宝宝很容易得的一种疾病。这主要和宝宝的免疫系统发育不完全有关。另外，宝宝的鼻腔狭窄、鼻黏膜柔嫩，对外界环境的适应力比较差，一旦受了凉或遇到什么特殊情况，就很容易感染上病毒，引起感冒。

宝宝们得感冒的时候，鼻塞、流鼻涕等上呼吸道症状通常不太明显，反而经常出现食欲不振、呕吐、腹泻等消化道症状，也很容易发高烧。这是由于宝宝的免疫力差，被感染后病毒容易波及下呼吸道和消化系统，造成这些地方发炎引起的。

对宝宝的感冒，妈妈们一定不要掉以轻心。因为这个时期的感冒容易引起支气管炎、肺炎、心肌炎、肾炎等并发症，严重的话甚至能危及宝宝生命。

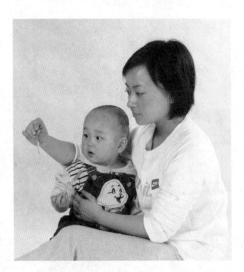

如果宝宝只是咳嗽、呕吐、腹泻，发热不超过39.5℃，呼吸没有明显加快，并且宝宝的精神还算好的话，就可以通过食疗或按摩来帮助宝宝减轻症状；如果宝宝发烧超过了39.5℃，精神差、嗜睡、呼吸明显加快，平静的时候可以听到喉咙里有喘鸣声，并且不能喝水的话，就要立刻送医院，因为这时候可能已经出现了其他并发症。

▶▶▶ 风寒型感冒食疗方案一：葱白香菇母乳汤

适用范围：4个月以内的宝宝。

制作方法：取一根葱白，一朵鲜香菇（干香菇泡发也可以），洗净切碎，加入30~50毫升母乳，放到炖盅内隔水炖熟。用干净的纱布滤去渣，放到奶瓶中喂宝宝。

用法与用量：每天一剂，连服2~3剂。

食疗原理：葱白，性温，入肺、胃经，能解表、通阳、解毒；香菇性平，可益胃气；母乳性平，能够补血、润燥，对宝宝因受寒而引起的风寒型感冒有很好的治疗作用。

▶▶▶ 风寒型感冒食疗方案二：红糖水

适用范围：1个月以上的宝宝。

制作方法：将适量的红糖加入温开水里调匀即可。

用法与用量：直接喂给宝宝。

食疗原理：红糖水性温，可以祛寒。

注意事项：风寒型的感冒有这样的特点：舌苔发白，流的鼻涕是清鼻涕，咳出来的痰发白。妈妈们平时一定要细心，随时摸摸宝宝的小手。如果宝宝的手发冷，说明受凉了，要及时添加衣服，多给宝宝喝温开水。如果这样做了，宝宝的小手仍然不暖和，就要及时采取措施。

▶ 风寒型感冒食疗方案三：紫苏粥

适用范围：4个月以上的宝宝。

制作方法：取6克紫苏叶，放到砂锅里加水煮开，沸腾1分钟后过滤取汁，加到煮熟的粳米粥里（50～100克），加上少量红糖调匀即成。

用法与用量：直接喂给宝宝。

食疗原理：紫苏叶性温，有散寒解表、行气宽中的功效。和粳米同煮，有和胃散寒的作用，对体弱、偶感风寒而患感冒的宝宝特别有效。

注意事项：有温病及气弱表虚的宝宝忌食。

▶▶▶ 风热型感冒食疗方案一：胡萝卜甘蔗水

适用范围：4个月以上的宝宝。

制作方法：胡萝卜、荸荠、甘蔗各100克，去皮、去蒂，洗净后切成小段，放入烧开的水中。待水再开时，改用中火煲一个半小时。

用法与用量：直接喂给宝宝。

食疗原理：胡萝卜有清热解毒的作用，荸荠、甘蔗有清热生津的功效。这三样东西合用，对清除宝宝体内的热气，预防感冒有很好的作用。

注意事项：风热感冒的特点是：舌苔发黄，流比较稠的浓鼻涕，咳出来的痰颜色发黄，黏稠。外皮发红、肉质发黄，味道变酸或有霉味、酒味的甘蔗不能食用，很容易中毒。荸荠性寒，吃得过量容易腹胀，不要给宝宝吃得太多。

▶▶▶ 风热型感冒食疗方案二：牛蒡子粥

适用范围：5个月以上的宝宝。

制作方法：取10克牛蒡子（中药房有售）放到砂锅里加水煎15分钟，后过滤取汁，同时用一把粳米加适量的水煮粥，米熟时加入准备好的牛蒡子汁，再煮5分钟即可。

用法与用量：直接喂给宝宝。

食疗原理：牛蒡子性寒，有疏散风热、宣肺、解毒的作用；对风热感冒引起的咳嗽、痰多、咽喉肿痛等症状有很好的缓解作用。

注意事项：气虚、大便稀的宝宝不宜吃。

▶▶▶ 感冒鼻塞的宝宝如何护理

1.帮宝宝清除鼻屎。可以让宝宝的头后仰，在宝宝鼻孔里滴几滴非处方的生理盐水，几分钟后用消过毒的棉签把已经软化了的鼻屎拨出来。

2.用温热的毛巾敷在宝宝的鼻子根部，可以缓解鼻塞带来的难受感。

3.在加湿器里滴上几滴花露水，打开湿润宝宝房间里的空气。

4.在宝宝枕头部位的床垫下塞两条毛巾，使床垫的一头略微抬高一些，有助于减轻鼻涕在咽喉部的堆积。

5.如果鼻塞很严重，可以先在宝宝的鼻孔里滴几滴生理盐水，再用吸鼻器把鼻涕吸出来。

6.尽量少使用含有麻黄成分的滴鼻剂，以减轻对宝宝身体的伤害。

宝宝咳嗽的食疗方案

宝宝肌肤娇嫩，脏腑柔弱，对外界变化的抵抗力差，又不会调节寒暖，特别容易被外界的致病因素侵犯。当外界的风、寒、热等外邪侵入体内的时候，就会出现咳嗽症状。对宝宝来说，五脏六腑受到侵犯都可能引发咳嗽。甚至有的宝宝积食了也会咳嗽。

中医通常把咳嗽分为外感咳嗽和内伤咳嗽两类。外感咳嗽包括风寒咳嗽、风热咳嗽、伤寒咳嗽、秋燥咳嗽等类型；内伤咳嗽包括食积咳嗽、肺虚咳嗽等类型。而由于肺管理着人的呼吸功能，并且通过鼻腔、气管与外界相通，当外邪入侵时，首先被侵

犯的脏器就是它。所以，想治疗宝宝的咳嗽，宣肺化痰是一项最主要的工作。

如果宝宝的舌苔发白，咳出的痰也发白，较稀，并伴有鼻塞、流鼻涕的症状，说明宝宝是风寒咳嗽，需要吃一些温热、化痰止咳的食品。如果宝宝的舌苔发黄或发红，咳出的痰颜色发黄、稠、不容易咳出，说明宝宝是风热咳嗽，需要吃一些清肺、化痰止咳的食物。内伤咳嗽多为长期不愈、反复发作的咳嗽，应该给宝宝吃一些调理脾胃、补肾、补肺气的食物。

▶▶▶ 风寒咳嗽的食疗方案：蒸大蒜水

适用范围：10个月以上的宝宝。风寒咳嗽。

制作方法：取2～3瓣大蒜，拍碎后放入碗里，加上半碗水，放入一粒冰糖，加上盖放到锅里蒸。先用大火将水烧开，再用小火蒸15分钟即可。蒸好后先凉一会儿，等蒜水不烫嘴时再喂给宝宝。大蒜可以不吃。

用法与用量：一次小半碗（100毫升左右），一天2～3次。

食疗原理：大蒜性温，入脾胃、肺经，治疗寒性咳嗽、肾虚咳嗽效果非常好。蒸过的大蒜没有辣味，宝宝一般会愿意喝。

注意事项：治病的同时，不要给宝宝吃柚子、香蕉、猕猴桃、甘蔗、西瓜、甜瓜、苦瓜、荸荠、慈姑、海带、紫菜、生萝卜、茄子、芦蒿、藕、冬瓜、丝瓜、地瓜等性寒凉的食物。

▶▶▶ 风热咳嗽的食疗方案一：萝卜水

适用范围：4个月以上的宝宝。风热咳嗽。

制作方法：取一根新鲜的白萝卜洗净，剖开，从切口处切四五片薄萝卜片，放到小锅里，加大半碗水。先用大火烧开，再用小火煮5分钟。等水不烫了，就可以给宝宝喝了。

用法与用量：直接喂给宝宝。一次喝完，一天2～3次。

食疗原理：白萝卜有顺气、化痰、止咳、消食、清热、生津的作用，对因患风热咳嗽而鼻干咽燥、干咳少痰的宝宝来说，效果是不错的。

注意事项：如果宝宝不喜欢喝，可以加两片梨，可以清肺止咳。

▶▶▶ 风热咳嗽食疗方案二：鲜藕雪梨汁

适用范围：2个月以上的宝宝。风热咳嗽。

制作方法：鲜藕、雪梨榨汁，按1：1的比例调匀。或将削皮挖心后切碎的雪梨和等量的鲜藕混合，用干净的纱布包起绞汁。

用法与用量：直接喂服，可以加一倍的温开水稀释。每天2~3次，每次100~150毫升（稀释后）。

食疗原理：莲藕有清热凉血、生津止渴的功效，捣汁后清热解毒效力增强，还有镇惊安神的效果。雪梨有润肺消痰、清热生津的功效，适用于热病伤津后引起的热咳或燥咳。二者合用，对肺热咳嗽有很好的疗效。

注意事项：必须是生榨的汁，不要煮成莲藕雪梨水。

▶▶▶ 风热咳嗽食疗方案三：川贝梨水

适用范围：2个月以上的宝宝。感冒后久咳不愈的宝宝。风热咳嗽。

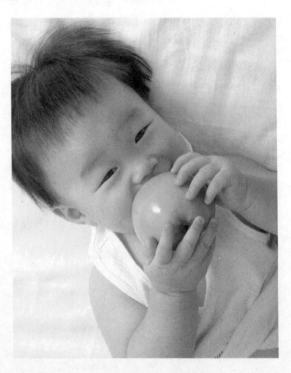

制作方法：雪梨或鸭梨一个（约50克），对半切开，去核，在里面装入2克川贝粉、冰糖适量，合起梨，用牙签固定住，放到一个大碗里，隔水蒸半小时。

用法与用量：用温开水或凉开水稀释后喂给宝宝。

食疗原理：川贝母是化痰止咳的良药，和雪梨、冰糖一起用，功效当然没得说。如果宝宝咳嗽得不厉害，或感冒后久咳不愈，喝川贝梨水是最好的选择。

注意事项：正在感冒的宝宝不要喝。蒸出来的水要在一天之内喝完，第二天再煮新的。不能作为饮料长期喝，以免药性太大，对宝宝的身体产生伤害。

▶▶▶ 咳嗽宝宝的护理要点

1.保持适当的室温。对患了咳嗽的宝宝来说，18～22℃是最恰当温度，过高或过低都不利于宝宝病情的恢复。除了宝宝住的房间温度要合适，其他房间和宝宝房间的室温相差也不能超过5℃。这样的话，才能避免在开门进出时其他房间的冷气随开门进入宝宝的房间，使宝宝受凉。

2.保持一定的湿度。可以通过擦地、室内放水盆、暖气上放湿毛巾、在地上泼水等方法给室内增加湿度，最好的办法还是使用空气加湿器。加湿器的安放位置要离宝宝远一点，并且最好不要往加湿器里加香料、消毒剂、杀菌剂、抗流感病毒药物等添加剂。

3.尽量给宝宝多喝水。少给宝宝吃辛辣、甘甜的食物。在给宝宝煮冰糖梨水的时候尤其要注意，不要放太多冰糖。

4.注意给宝宝除痰。可以用几个枕头垒成一个20～30°的斜面，让宝宝头低脚高地俯卧在上面，使肺部的痰液自动流出来；也可以让宝宝头低脚高地俯卧在斜面上，一只手护住宝宝背部，另一只手握成空心拳，轻轻地在宝宝背部左右肺的部位各叩拍3～5分钟，也可以帮助宝宝排出积痰。

给宝宝排痰的注意事项：

1.宝宝刚吃完东西后2小时内不要排痰，以免引起宝宝呕吐。

2.排痰过程中要不断观察宝宝的面部表情，一旦出现气喘或其他不适现象，就要立即停止。

宝宝百日咳的食疗方案

百日咳是急性呼吸道传染病，主要表现是咳嗽。由于病程长的宝宝咳嗽的时间甚至能达到100天，所以才被人们命名为"百日咳"。百日咳通过飞沫传染，主要在春季发病，6个月以内的宝宝特别容易受感染而发病。

宝宝感染了百日咳杆菌后，一般在7~10天内出现流泪、流涕、咳嗽和低热等症状，1~2个星期后咳嗽逐渐加重，这时候就进入了症状最严重的痉咳期。在这个时候，3个月以内的宝宝通常表现为阵发性的屏气、发绀、窒息，3个月以上的宝宝通常会出现连续十几声甚至几十声的剧烈咳嗽。这时候，宝宝通常会被咳得面红耳赤、舌向外伸，并由于用力吸气出现像鸡鸣一样的声音，同时流出大量鼻涕和眼泪，最后咳出大量黏液。一天能发作几次甚至三四十次，尤其以晚上更加严重。痉咳期持续2~3个月，此后宝宝的症状会逐渐减轻。经过3周左右的恢复，咳嗽才会慢慢停止。

宝宝不幸染上百日咳后，妈妈们一定要精心护理，积极治疗。因为如果治疗得当，咳嗽的时间会大大缩短，不一定要足足地咳上100天。而如果听之任之的话，不仅宝宝受到更多痛苦，还会引起宝宝营养不良、免疫力降低，并发脑炎、肺炎等更危险的疾病。

▶▶ 百日咳初期食疗方案一：饴糖萝卜汁

适用范围：4个月以上的宝宝。刚刚得了百日咳的宝宝。

制作方法：白萝卜汁30毫升，饴糖20毫升，与适量开水搅匀即可。

用法与用量：一次喝完，一天3次。

食疗原理：白萝卜性凉，入肺、胃经，具有清热生津、凉血止血、下气宽中、顺气化痰的功效；饴糖性微温，入脾、胃、肺经，具有缓中、补虚、生津、润燥的功效。

注意事项：以秋饴糖为佳。

▶▶▶ 百日咳初期食疗方案二：秋梨白藕汁

适用范围：4个月以上的宝宝。刚刚得了百日咳的宝宝。

制作方法：秋梨1个（约100克），去皮、核，洗净切碎；白藕1节（150克左右），洗净切碎。把两者拌和在一起，用干净的纱布绞汁。

用法与用量：当成果汁喂给宝宝。

食疗原理：秋梨、白藕性寒味甘，有润肺止咳、滋阴清热的功效。

▶▶▶ 百日咳痉咳期食疗方案一：胡萝卜大枣水

适用范围：4个月以上的宝宝。

制作方法：用200克新鲜胡萝卜和10颗大枣，加上三大杯水（约2升）一起熬，熬到汤汁只剩1/3的时候就可以了。

用法与用量：只喝水。分2～3次服，一天内喝完。

食疗原理：胡萝卜能下气止咳、清热解毒；大枣能补益气血、健脾胃、增强机体的免疫力。二者合用，对久咳不愈的宝宝有很好的食疗功效。

▶▶▶ 百日咳痉咳期食疗方案二：川贝蒸鸡蛋

适用范围：7个月以上的宝宝。痉咳期的宝宝。

制作方法：取1枚新鲜鸡蛋洗干净，在一头敲出花生米大小的孔，装入6克川贝粉（中药房有售，也可以买整只的川贝自己研末），轻轻晃几下，使川贝粉和蛋液充分混合，用消过毒的湿纸密封住，放到锅里蒸熟即可。

用法与用量：可以直接吃，也可以拌到粥里给宝宝吃。每天1枚，分2～3次吃完。

食疗原理：川贝性微寒，入心、肺二经，有润肺化痰、清热散结的功效。鸡蛋性味甘平，具有清热解毒、滋阴润燥的功效。二者结合，对百日咳痉咳期的宝宝有很好的治疗作用。

注意事项：蒸鸡蛋的时候注意使开口的一头朝上。也可以放在米饭里一起蒸。

▶▶▶ 百日咳宝宝居家护理要点

1.要保持室内的空气流通。宝宝频繁剧烈地咳嗽，肺部过度换气，容易造成室内氧气不足，应该及时开窗，使宝宝的居室内得到较多的氧气补充，千万不能一直关着门窗。

2.宝宝生病期间不要在室内吸烟。生炉子、炒菜时也要关紧门窗，以防煤灰和油烟呛着宝宝。

3.给宝宝吃的食物要清淡，不但不能吃辛辣刺激性食物，也不能太油腻。

4.注意给宝宝补水。

5.切忌让宝宝卧床不动。在空气新鲜的地方做些适当的活动和游戏往往会有助于咳嗽的减轻。

6.不要让宝宝和别的患者接触，以免被感染，引起别的并发症。

宝宝鹅口疮的食疗方案

鹅口疮就是小儿口炎，是一种宝宝很容易得的口腔疾病。得了这种病，宝宝的口腔黏膜、舌黏膜上会出现淡黄色或灰白色、和豆子差不多大小的溃疡。这主要是由于宝宝口腔感染了白色念珠菌引起的。营养不良、腹泻、长期使用广谱抗生素或激素的宝宝都比较容易受到感染而发病。当宝宝出现鹅口疮的症状时，只要做好饮食调节和家庭护理工作，很快就会恢复健康。但是如果不注意治疗，也可能进一步发展，形成急性感染、腹泻、营养不良、维生素B、维生素C缺乏等全身性疾病。

▶▶ 食疗方案一：萝卜橄榄汁

适用范围： 所有得病的宝宝。

制作方法： 白萝卜汁3～5毫升，生橄榄汁2～3毫升，混合在一起调匀后，装到一个小碗里放到锅里蒸熟，凉凉后喂给宝宝。

用法与用量： 分2次服完，每日1～2剂，连用3～5天。

食疗原理： 鹅口疮主要是由于宝宝的心脾积热，虚火循经上炎复感邪毒引起。白萝卜和橄榄都有清热解毒的功效，可以从根本上遏制鹅口疮的发病因素，对治疗鹅口疮很有好处。

▶▶ 食疗方案二：苦瓜汁

适用范围： 心脾积热型的宝宝。

制作方法： 新鲜苦瓜榨汁，放进沙锅内煮开，加入适量的冰糖搅拌至溶化即可。

用法与用量： 随时服用。一天60毫升。

食疗原理： 苦瓜性寒，入心、肝、脾、肺经；有清热解毒、凉血清心的功效，所以可以用来治疗心脾积热引起的鹅口疮。

注意事项： 心脾积热型鹅口疮的表现是口腔、舌面布满白苔，脸颊、嘴唇赤红，烦躁爱哭，大便干，舌质红，脉滑。

▶▶ 食疗方案三：冰糖银耳羹

适用范围： 4个月以上的宝宝。虚火上浮型的宝宝。

制作方法： 取10～12克银耳，洗净后放在碗内加水泡发，拣干净杂质，再加上适量冷开水及2～3块冰糖，放到锅内蒸熟。

用法与用量： 喝汤，吃银耳，能吃多少算多少。

食疗原理：银耳滋阴，冰糖降火，二者相加，正好可以治疗由于虚火上浮引起的鹅口疮。

注意事项：虚火上浮型的鹅口疮的主要表现是口腔、舌面上的白苔比较稀少，溃烂处周围颜色淡红，宝宝面色发白，嘴唇、颧部发红，神情疲乏，经常口干。

▶▶▶ 食疗方案四：西洋参莲子炖冰糖

适用范围：11个月以上的宝宝。虚火上浮型的宝宝。

制作方法：取3克西洋参，切成小片，加上12枚莲子（去心），放在小碗里用水泡发，再加上25克冰糖，隔水炖1个小时左右就可以了。

用法与用量：喝汤，吃莲子肉，能吃多少算多少。

食疗原理：西洋参性凉而补，具有滋阴补气、清热生津、调理气血的作用。莲子性平，具有滋养补虚、养心安神的作用。冰糖可以养阴生津、清热解毒。三者合用，可以滋阴降火，对虚火上浮型的鹅口疮有比较好的疗效。

注意事项：西洋参片先不要吃，第二天可以加上新的莲子和冰糖再炖一次，最后把西洋参1次吃掉。

▶▶▶ 如何护理患了鹅口疮的宝宝

1.如果是母乳喂养，每次喂奶前妈妈都应该把乳房洗干净，并且要经常洗澡，勤换内衣、勤剪指甲。抱宝宝之前要先洗手，避免反复感染。

2.宝宝用的奶具要做好消毒工作：每次把奶瓶、奶嘴清洗干净后，最好再蒸10~15分钟。

3.不要随便揩洗宝宝口腔内的斑块，以免损伤宝宝的口腔黏膜，引起细菌感染。这时可以用消毒药棉蘸上2%的小苏打水轻轻地为宝宝擦洗一下口腔，再给宝宝涂上1%的甲紫溶液。或把1粒制霉菌素研成末，用5毫升甘油调匀，轻轻地给宝宝擦在患处。

4.如果给宝宝擦外用药，应该选择在宝宝吃完东西，消化得差不多的时候进行，以免引起宝宝呕吐。

5. 居室要注意通风，并要经常带宝宝出去晒太阳。

6. 尽量不让宝宝吃手、咬玩具或其他不干净的东西。

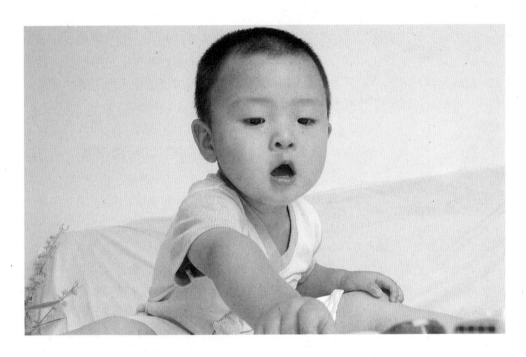

宝宝湿疹的食疗方案

湿疹俗称奶癣，是2～3个月的小宝宝特别爱犯的一种过敏性皮肤病，经常在冬春季节发病。湿疹与宝宝的体质有关，过敏性体质的宝宝经常会得这种病。宝宝发病的时候，皮肤先是发红，随后出现密集的红色丘疹或小水疱。由于湿疹发病的时候很痒，宝宝经常会用手去搔抓，从而出现溃破。水疱破后通常会流黄水、糜烂，水干后结黄痂。湿疹的特点是时轻时重，特别容易复发，有时候连续几个月也不能好彻底。宝宝把水疱抓破，容易引起继发感染，因此需要及时治疗。

▶▶▶ 食疗方案一：菊花茶

适用范围：2个月以上的宝宝。

制作方法：菊花6朵，开水冲泡后饮用。

用法与用量：随时喂服，能喝多少喝多少。

食疗原理：菊花性微寒，可以疏散风热、解毒，对疔疮、肿毒等病症有比较好的治疗作用。

注意事项：每次的量不要太大。不要放糖。宝宝不喜欢菊花味道的话，可以再加点温开水冲淡了给他（她）喝。脾虚、大便稀的宝宝就不要喝了。

▶▶ 食疗方案二：金银花茶

适用范围：10个月以上的宝宝。

制作方法：取金银花5克，煎水后加适量白糖搅匀，即可饮用。

用法与用量：当成开水喂给宝宝喝。一天不超过150毫升。

食疗原理：金银花可清热解毒、消肿痛、除疮毒，对宝宝的病情有好处。

注意事项：茶一定要淡。如果觉得自己不能把握适当的浓度的话，也可以到药店买点金银花露，兑上白开水稀释后给宝宝喝。

▶▶ 食疗方案三：绿豆粥

适用范围：5个月以上的宝宝。

制作方法：将30克绿豆、10～15克粳米分别淘洗干净，一同下锅加上水煮至绿豆软烂，加上适量冰糖调匀。

用法与用量：直接吃。在一天内吃完。

食疗原理：绿豆性味甘凉，具有清热凉血、利湿去毒的食疗功效，对疹红水多、大便干结、舌红、舌苔黄并伴有发热、大便干的宝宝尤为适用。

注意事项：也可单独用绿豆煎水服，以绿豆煮烂为度。

▶▶ 护理患了湿疹的宝宝应该注意些什么

1.如果是母乳喂养，妈妈在宝宝发病期间绝对避免进食辛辣、腥膻味食物，以免间接地影响宝宝的病情。在宝宝的辅食方面，尽量少给宝宝吃虾、蟹、黄鱼、带鱼、马鲛鱼、竹笋、菠菜、洋葱、香菇等食品，但是也不要控制得太严，以免使宝宝补充不上足够的营养。

2.室内要保持合适的温度和湿度，并要注意通风，不要让宝宝出太多汗。

3.给宝宝洗脸、洗澡时要用温水，并为宝宝选用性质柔和的清洁和护肤品，坚决不能用碱性大的肥皂，也不要给宝宝用成人的化妆品。

4.给宝宝穿的衣服要宽松，经常更换，并不宜太多。最好是给宝宝穿浅色的棉布衣服，不要给宝宝穿化纤、羊毛衣服。妈妈也不要穿。

5.宝宝的衣物、被褥及枕巾要经常换洗，保持干净。

6.发现宝宝患了湿疹后，要给宝宝剪剪指甲，在宝宝睡觉时可以给宝宝戴上小手套或用软布松松地包住宝宝的双手，避免抓破皮肤，形成重复感染。但要注意观察，以防线头缠住宝宝的手指，造成血液循环不良，甚至局部坏死。

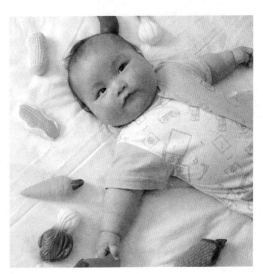

7.头顶、眉毛等部位结成的痂皮，可用消过毒的食用油涂抹，第二天再轻轻擦洗，就可以去掉。千万不要硬撕。

8.可用淡盐水或硼酸水浸泡纱布敷在湿疹处止痒，或在医生指导下使用湿疹膏。

9.严禁宝宝和其他有化脓性皮肤病的患者接触，以免发生交叉感染。

10.宝宝患病期间最好不要去做预防接种，以免发生不良反应。

宝宝夜哭的食疗方案

哭是宝宝的一种本能反应。刚出生的宝宝还不会说话，感到痛苦的时候只能通过啼哭来表达。引起宝宝夜哭的原因很多，除了饥饿、尿布湿了、室内空气不好、过冷或过热、口渴、疾病疼痛等原因都会使宝宝在晚上啼哭不止。但这些都还是生理性啼哭。所谓"夜哭"，指宝宝在白天的时候很正常，体检也发现不了什么异常，一到了晚上却哭个不停的情况。这种夜哭的原因大致有：脾胃虚寒，寒痛而哭；心经积热，热烦而哭；受到惊吓，恐惧而哭。

当遇到宝宝"夜哭"的时候，妈妈们一定要仔细观察，找出原因，针对原因解决问题。千万不要以为宝宝哭就是因为肚子饿了，用吃奶的办法来哄宝宝入睡。这样做极易使宝宝消化不良。久而久之，不是形成便秘，就是造成宝宝腹泻不止，反而更加难以安眠。

脾胃虚寒引起的"夜哭"特点是：一到晚上就哭，宝宝脸色发白，腹部、四肢发凉，食欲不振，大便稀，喜欢趴着睡。心热受惊引起的"夜哭"特点是：宝宝脸颊、嘴唇发红，烦躁不安，容易在睡梦中惊醒啼哭、大便干、尿黄。

▶▶▶ 脾胃虚寒型夜哭的食疗方案：葱姜红糖饮

适用范围：10个月以上的宝宝。

制作方法：葱白(带须)2根（约50克），洗干净，切成小段；生姜适量切碎；再加15克红糖，一起用水煎。水开后再煮3分钟即可。

用法与用量：热饮，随时喂服。

食疗原理：脾胃虚寒引起的夜哭的治疗原则是温中散寒。葱白具有解表散寒的作用，生姜、红糖就是发暖的东西，三者搭配，正符合"温中散寒"的治疗要求。

注意事项：注意保暖，不要给宝宝喝性质寒凉的蔬菜或水果的水。

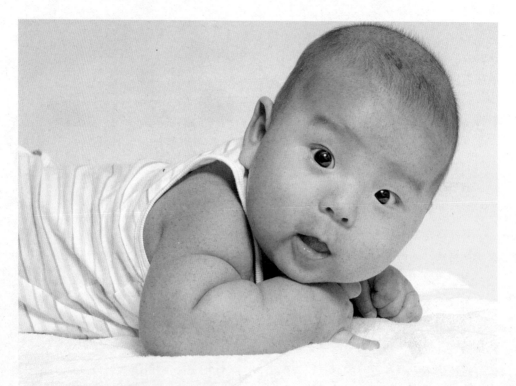

▶▶▶ 心热受惊型夜哭的食疗方案一：红小豆水

适用范围：1个月以上的宝宝。

制作方法：红小豆一把，清水适量，先用大火烧开再改小火，煮到豆烂即可。过滤去渣，只喝水。

用法与用量：当成开水喂给宝宝。

食疗原理：红小豆性平，入脾、心和小肠经，有利水除湿、健脾养胃、清热除烦的功效。心热受惊的治疗原则是清心安神，红小豆恰恰有这个作用。

注意事项：喝多了伤人津液，不要长期喝。一天不超过150毫升。

▶▶▶ 心热受惊型夜哭的食疗方案二：黄花莲子饮

适用范围：3个月以上的宝宝。

制作方法：取干黄花菜15克，莲子心3克，冰糖15克，混合后放入砂锅中，加适量的清水熬成汤即可。

用法与用量：白天一次喝完，连服5～7天。

食疗原理：黄花菜性凉，入胃、膀胱经，能够清热解毒，莲子心有清热、固精、安神、强心的功效。两者合用，可以治疗因心热受惊引起的宝宝夜哭。

注意事项：性凉，不能长期喝。

▶▶▶ 心热受惊型夜哭的食疗方案三：山药虾仁粥

适用范围：10个月以上的宝宝。

制作方法：取50克粳米，用清水淘洗干净后放到锅里煮粥。同时将30克山药去皮洗净，切成小块；将1对对虾择洗干净，切成小段。待粥半熟时，加入山药和对虾，一起煮熟即可。

用法与用量：每次1剂，每天2次，早晚各1次。

食疗原理：山药健脾养胃；对虾能补肾助阳，益脾胃。两者结合有镇静作用，对宝宝受惊引起的夜哭有很好的治疗作用。

注意事项：两次服用一定要隔开一段时间。

▶▶▶ **怎样降低宝宝夜哭的频率**

1. 白天多抱着宝宝在家里或户外走走，并帮助宝宝进行一些运动，消耗一下宝宝的体力，有助于宝宝晚上安眠。

2. 白天让宝宝睡觉的时间不要太长。如果时间过长，就要叫醒宝宝，让宝宝多玩一会儿。

3. 给宝宝洗一个温水澡，进行一下轻柔的按摩，有助于宝宝安定心神，轻松入睡。

4. 睡前将宝宝用被单裹紧，给宝宝营造一种安全的感觉。

5. 从头顶向前额轻轻地抚摸宝宝的头部，同时小声地哼唱催眠曲，能使宝宝放松心情，安然入睡。

宝宝排尿异常（量少、尿频）的食疗方案

出生不久的宝宝，发育还不完全成熟，控制力差，容易受外界环境的影响。只要受到轻微的刺激，如残尿对包皮或阴部的刺激、衣裤的摩擦、水声或口哨声的刺激等都会令宝宝产生尿意，进行排尿。正常情况下，宝宝一昼夜的排尿次数是8~15次。如果有一天，妈妈们发现宝宝的排尿次数比平时明显增多，每次的尿量还很少，尿总量并不增加，就需要引起注意，因为这通常是以下几种疾病的预兆：①神经性尿频。这是由于宝宝的膀胱逼尿肌发育不良，神经不健全引起的。具体表现是白天点滴性多尿（可达20~30次），晚上排尿正常，有反复发作的趋势。尿化验正常。②泌尿系统炎症（膀胱炎、尿道炎、肾盂肾炎、阴茎头包皮炎、外阴炎等）。

这是由于炎症刺激使宝宝的尿意中枢处于兴奋状态引起的。具体表现是尿频、尿急、尿量减少，排尿时哭闹（尿痛，用哭闹来表达痛苦）。③尿路结石。具体表现是尿频。

如果宝宝是由精神因素引起的尿频，可以从训练宝宝养成良好的习惯做起。只要宝宝形成对"嘘嘘"的条件反射，问题就会解决。由其他原因引起的尿频，就需要赶紧治疗，以免造成更严重的后果。

▶▶ 食疗方案一：葫芦瓜汁

适用范围：1个月以内的宝宝。尿路结石引起的尿痛、尿频、尿急。

制作方法：鲜葫芦瓜半个，捣烂，用干净的纱布绞汁，或加适量清水煮汤。

用法与用量：随时喂服。一天不超过150毫升。

食疗原理：葫芦性平，入胃、膀胱经，有明显的利尿作用。

▶▶ 食疗方案二：玉米水

适用范围：1个月以上的宝宝。尿路结石引起的尿痛、尿频、尿急。

制作方法：取鲜玉米根、叶或玉米心各90克，煎水喝。

用法与用量：随时喂服。一天不超过150毫升。

食疗原理：玉米有调中开胃、利尿的功效，对尿路结石引起的尿痛、尿频、尿急等症状都有很好的缓解作用。

▶▶ 食疗方案三：甘蔗汁

适用范围：1个月以上的宝宝。泌尿系统感染引起的尿频。

制作方法：红甘蔗一节，榨汁饮用。

用法与用量：加等量的温开水稀释，随时喂服。一天不超过150毫升。

食疗原理：红甘蔗性平，有滋补清热的作用。作为清凉的补剂，对帮助宝宝除去内脏燥热、促进排尿、缓解排尿时的疼痛有很好的作用。

注意事项：以粗大、蔗皮光滑、颜色深紫、节间较长者为佳。脾胃虚寒的宝宝不宜饮用。

▶▶▶ 泌尿系统感染引起的排尿异常该怎么护理

1.要鼓励宝宝多喝水，尽量使尿量增多，有助于冲洗尿道，促使细菌、毒素和异常分泌物排出。

2.勤给宝宝换尿布，努力保持宝宝会阴部的清洁干燥。换下来的尿布需用开水烫洗，在阳光下晒干，或用煮沸的方式消毒。

3.排便后要给宝宝清洗臀部，女宝宝要从前向后擦洗。

4.一定要按医嘱服药，千万不能一见宝宝没什么症状就擅自停药，造成病情反复发作，导致慢性泌尿道感染。

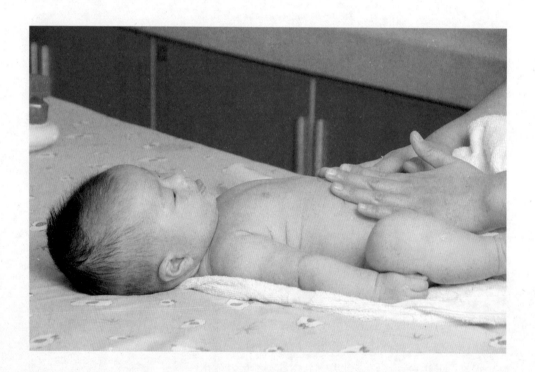

Part 4

专家教你喂宝宝
——0~1岁宝宝的常见喂养问题

1~4个月宝宝的常见喂养问题

▶▶ Q：什么时候给宝宝断奶比较好？

A：一般来说，宝宝断奶的最佳时间是出生后的8～12个月。也就是说，如果妈妈的体质差，平时泌乳量不足，可以提前断奶；如宝宝体弱多病，断奶对宝宝的健康会有影响，或妈妈的体质和泌乳都处于旺盛状态，也可以适当推迟断奶时间，但最迟也不要超过2岁。断奶的最佳季节是春季和秋季。冬天和夏天宝宝容易生病；最好不要在这时候给宝宝断奶。

▶▶▶ Q：给宝宝断奶的时候要注意什么？

A：断奶是一个通过逐渐给宝宝添加辅食、减少母乳喂养量，使宝宝的兴趣由母乳转移到其他食物上，逐渐适应成年人的食物，同时断绝母乳的过程。断奶的时候首先要注意的就是要循序渐进，要有足够的耐心让宝宝慢慢地适应。不要采取突然的强制措施，如母子暂时分开、在乳头上涂墨水、辣椒水、黄连水等，使宝宝产生恐惧、烦恼的心理，造成宝宝消化吸收功能的紊乱，打乱宝宝体内的营养平衡。其次，要及时给宝宝添加辅食。这时宝宝处在高速生长发育期，需要充足而全面的营养，一定要在断奶的同时给宝宝添加富含蛋白质、脂肪、糖类、维生素和矿物质的辅食，满足宝宝的营养需求。最后，要加强护理。要注意观察宝宝的大便是不是正常，体重有没有减轻。一旦发现异常一定要及时处理，不能听之任之。最后就是要注意保护妈妈的乳房。断奶后可能出现不同程度的奶胀，如果保护得不好，会使乳腺发炎。这时可以用吸奶器把奶吸出或用手挤出，也可以采用食疗的方法进行回奶。

▶▶ Q：究竟什么是辅食，为什么要给宝宝添加辅食？

A：在母乳或婴儿配方奶之外，另外给宝宝添加的一些蔬菜、水果、米粉、粥、面和其他的固体食物，就是我们所说的辅食。添加辅食首先是为了满足宝宝的营养需求。随着宝宝的不断长大，对能量、维生素和各种矿物质（尤其是铁）的需求会越来越大；而这时候妈妈的乳汁已经开始变少，里面的营养成分也逐渐不能满足宝宝的全部需要，这时候就需要通过添加辅食来弥补母乳的不足。否则的话，宝宝很可能会出现营养不良和贫血。另外，让宝宝逐步接受母乳以外的食物，能够减轻宝宝对母乳的依恋，为将来断奶作准备。还能锻炼宝宝的口腔肌肉，促进咬合、咀嚼功能的发育和乳牙的萌出。

▶▶▶ Q：该在什么时候给宝宝添加辅食？

　　A：给宝宝添加辅食的时间最好是在出生后的4～6个月，过早过晚都不能添加。过早添加辅食，很可能会造成母乳吃得过少，不能满足宝宝的营养需求。出生不久的宝宝免疫力也很低，母乳吃得过少，从母乳中得到的抗体就少，很可能会因为免疫能力不足而增加得病的危险。这时宝宝的消化系统、肾功能还没有发育完全，过早添加一些固体食品，不但其中的营养宝宝吸收不了，还会给宝宝的身体造成负担，使宝宝更容易患上哮喘、腹泻和其他过敏性疾病。辅食添加得过晚，则不但满足不了宝宝的营养需求，造成维生素缺乏症；还会使宝宝的口腔肌肉得不到适宜的锻炼，使得宝宝的咀嚼能力、味觉发育落后，更加难以接受辅食。

▶▶▶ Q：怎么判断宝宝需要添加辅食了？

　　A：一是要看宝宝的体重增加情况。如果宝宝每顿喝足量的奶，体重却增加得比较少甚至没有增加，就说明宝宝需要添加辅食了。二是看宝宝还有没有推吐反射现象。如果把小勺放到宝宝嘴唇上，他（她）就张开嘴，而不是本能地用舌头往外推，就说明宝宝已经从心理上做好准备尝试母乳以外的食物了。三是看宝宝是不是开始对大人们吃饭感兴趣。如果大人们吃饭的时候，宝宝表现得很好奇、很羡慕，或是伸手去抓食品，也说明宝宝已经从心理上作好准备尝试母乳以外的食物了。四是看宝宝有没有能力表达拒绝。如果宝宝在不想吃东西时，会闭嘴、转头，对大人们送过来的食物表示拒绝，就说明宝宝开始有了判断饥饱的能力。这时候你就可以放心地为宝宝准备辅食了。

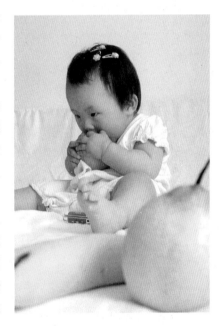

▶▶▶ Q：添加辅食需要遵守些什么原则？

　　A：给宝宝添加辅食，一定要遵守"循序渐进"的原则，从一种到多种、从少到多、从稀到稠、从细到粗，慢慢地添加。

第一个原则，从一种到多种：一种食物至少要先给宝宝试吃3~5天，同时注意观察宝宝有没有什么过敏的症状。如果没问题，再给宝宝添加第二种食物。

第二个原则，从少到多：一般情况下，第一天只给1小勺（10毫升左右），第二天给2小勺，第三天给3小勺（30毫升左右）。宝宝一次吃完30毫升的食物没有异常的表现，再逐渐加量。

第三个原则，从稀到稠：从汤水类食物到泥糊状食物，从流质到半流质食物，最后过渡到固体性的食物。

第四个原则，从细到粗："细"指没有颗粒感的细腻食物，如米糊、菜水等；"粗"指有固定形状和体积的食物，如成型的面条、包子、饺子、碎菜等。

Q：一个月大的宝宝能喝豆浆吗？

A：**不可以。**一个月大的宝宝消化系统还没有发育完全，还不具备消化豆浆的能力。

Q：能不能用在外面买的瓶装鲜橘汁、椰子汁等果汁代替自己制作的果汁、菜水给宝宝喝呢？

A：**不可以。**因为目前市场上出售的饮料或多或少地都含有一些食品添加剂，不适合宝宝喝。另外，市场上的果汁饮料大多不是果子原汁，不能为宝宝补充多少维生素。因此，想给宝宝添加果汁、菜水的话，最好是自己动手制作，并且是现做现吃。

Q：给宝宝补充鱼肝油要注意些什么？

A：**最主要的是不要添加过度。**有的妈妈觉得鱼肝油是维生素，多吃一些没什么坏处，这可是个大大的错误。因为，宝宝对维生素A和维生素D的需求是有限的，只要满足了宝宝的需求就可以了。添加过多的维生素A和维生素D，会使宝宝中毒。急性中毒会引起宝宝颅内压增高，出现头痛、恶心、呕吐、烦躁、精神不振、前囟门隆起等症状。慢性中毒的主要表现是食欲不好、发烧、腹泻、口角糜烂、头发脱落、皮肤瘙痒、贫血、多尿等。在给宝宝添加鱼肝油的过程中，如果发现有这些症状，就要立即停服鱼肝油，并到医院进行诊治。

Q：给宝宝喂水时需要注意些什么？

A：最好给宝宝喂白开水，既不要加糖也不要加葡萄糖，更不能加盐。1~4个月纯母乳喂养的宝宝可以不喂水，因为母乳中就有足够的水分。但是，如果宝宝特别爱动，出的汗比较多，或在天气干燥的时候，也可以适当给宝宝喂点水。这个阶段的宝宝需水量不多，一天有150毫升就够了。人工喂养的宝宝需要在两次喂奶中间喂一次水，每次50~100毫升。

▶▶▶ Q：给宝宝添加果汁和菜水有什么讲究，该先加哪一种呢？

A：**最好是先添加菜水**。因为果汁的味道比较甜，而宝宝们都喜欢甜味。先加果汁的话，宝宝很可能因为菜水的味道比较淡而不接受。

▶▶▶ Q：给宝宝喝果汁的时候为什么要加水稀释，纯果汁不是更营养吗？

A：1~4个月的宝宝消化系统还没有发育完全，消化功能很弱，太浓的果汁不利于宝宝消化和吸收，所以要加水稀释。果汁的味道一般都比较甜，不加水的话，也会使宝宝形成喜欢甜味的习惯，不利于其他味道的辅食的添加。

▶▶▶ Q：宝宝喝完果汁要漱口吗，怎么漱？

A：**是的**。果汁中含有糖分，不漱口的话会影响宝宝的口腔健康。宝宝喝完果汁后，只要再给宝宝喂点白开水就可以了。

▶▶▶ Q：可以用煮好的蔬菜水给宝宝冲奶喝吗？

　　A：不要用煮好的菜水来冲奶。蔬菜中含有草酸，和奶中的钙结合会形成不容易吸收的草酸钙。给宝宝冲奶时最好用60℃左右的白开水。

▶▶▶ Q：何时是给宝宝添加第一次辅食的最佳时机？

　　A：第一次给宝宝添加辅食，最理想的时间是中午。因为这时候宝宝比较活跃和清醒，并且不是很饿，会有足够的精力去体验母乳以外的食物的口感和味道。

　　刚开始，你可以给宝宝加一些米粉、米糊等淀粉类食物。因为这些东西宝宝比较容易吸收，是最不容易过敏的食物，通常被用来当做宝宝辅食的第一餐。

5～6个月宝宝的常见喂养问题

▶▶▶ Q：第一次喂辅食用什么方法才能使宝宝乐于接受呢？

　　A：第一次添加辅食，可以用小勺挑上一点点食物喂宝宝，让宝宝先尝尝味道，同时注意观察宝宝的反应：如果宝宝看到食物兴奋得手舞足蹈、身体前倾并张开嘴，说明宝宝很愿意尝试你给他（她）的食物；如果宝宝闭上嘴巴、把头转开或闭上眼睛睡觉，说明宝宝不饿或不愿意吃你喂给他（她）的食物，这时候就不要强喂，换个时间，等他（她）有兴趣了再进行尝试。

　　喂的时候，先在小勺的前部放上一点点食物，轻轻地放入宝宝的舌中部，再轻轻地把小勺撤出来。食物的温度不能太高，以免烫到宝宝。保持和室温一样，或比室温稍微高一点（1～2℃），是最恰当的温度。

▶▶▶ Q：宝宝吃奶的时候能喂辅食吗?

A：**可以，但是要从少量开始**。因为辅食在宝宝的食物中不占主要地位，宝宝并不会因为吃辅食而放弃吃奶。在添加的时候，可以先给宝宝喂通常的量一半的奶水，中间给他（她）喂一两勺新加的辅食，然后接着给他（她）吃没吃完的乳汁，这能让宝宝更容易地接受新的食物。

▶▶▶ Q：宝宝不肯吃勺里的东西怎么办?

A：**首先不要着急**。宝宝在吃辅食之前只吃奶，已经习惯了用嘴吸吮的进食方式，肯定对硬邦邦的勺子感到别扭，也不习惯用舌头接住成团的食品往喉咙里咽，拒绝接受是在所难免的。这时候妈妈只能多点耐心，通过让宝宝多接触，对用小勺吃东西适应起来。比如：在喂奶之前或大人们吃饭的时候，可以先用小勺给宝宝喂一些汤水。等宝宝对勺子感到习惯，并渐渐明白小勺里的东西也很好吃时，自然就会吃了。

▶▶▶ Q：可以把米粉调到奶粉里面一起喂宝宝吗?

A：**最好还是不要**。因为婴儿配方奶粉有其专门的配方，最适合用白开水泡。如果加入其他东西，多多少少都会改变它的配方，降低其营养成分。吃一两次没什么，长期吃的话，宝宝摄入的营养就要打折扣了。把米粉调在奶粉里，宝宝只能通过吮吸的方式进食，不利于训练宝宝的吞咽功能，对其日后的进食也会形成障碍。

▶▶▶ Q：刚开始添加米粉，加几勺比较合适呢? 需要严格按说明书上的量喂宝宝吗?

A：**不一定，这要看宝宝的接受程度和食量**。有的宝宝对米粉的接受程度比较高，多吃几口也没关系；有的宝宝食量本身比较小，或是由于体质、兴趣等原因，可能只吃很少的一点，也不要逼他（她）。总之，宝宝对辅食的接触应该是从少到多，循序渐进的。如果总是逼他（她）多吃，可能让宝宝形成对食物的厌恶心理，反而不利于辅食的添加。

在给宝宝添加食物的时候，请记住这句话：永远不要逼宝宝做他（她）不愿做的事!

▶▶▶ Q：过敏体质的宝宝该怎么增加辅食?

A：首先，妈妈们要多储备些关于食物的知识，知道哪些食物容易引起过敏。

如富含蛋白质的牛奶、鸡蛋，海产类的鱼、虾、蟹、海贝、海带，有特殊气味的葱、蒜、韭菜、香菜、洋葱、羊肉，刺激性比较大的辣椒、胡椒、芥末、姜，不易消化的蛤蜊、鱿鱼、乌贼，含细菌和真菌的食物如死鱼、死虾、不新鲜的肉、蘑菇、米醋，一些可以生吃的食物如番茄、生花生、生核桃、桃、柿子，种子类食物里的豆类、花生、芝麻等食物，都比较容易引起过敏。

有了这些知识，就要尽量避免给宝宝吃这些食物。同时还要注意辅食添加的种类、数量和次序。一般先给宝宝添加不易引起过敏的谷类食物（米粉、麦粉等），其次是蔬菜和水果，再次是蛋类和肉类。添加的时候要从少到多，从一种到多种。如果有过敏现象出现，就要完全避免使宝宝发生过敏的食物（牛奶除外），寻找别的食物进行替代。

▶▶ Q：宝宝偏食怎么办呢？

A：这么小的宝宝喜欢凭直觉判断食物的好坏。如果有些食物外观不好看，或是吃起来味道不是很好的话，他们通常认为这种食物不好，因而不喜欢。还有的父母不注意喂养方法，经常使宝宝在不愉快的氛围中吃某种食物，也会使宝宝形成对该食物不好的印象，从而拒绝吃那种食物。如果碰到这种情况，首先要做到的是不能着急，不要因为担心宝宝得不到足够的营养而强迫他（她）进食。宝宝喜欢吃的食物要经常给他（她）吃，使宝宝对吃东西产生兴趣。不喜欢的东西既不要强迫也不能放弃，而要采取少量多餐的方式，一点一点地给宝宝吃。同时要注意在食物的色香味和进餐氛围上下工夫，让宝宝在愉快的心情下进餐，并把吃东西当成一件快乐的事。只要有足够的耐心，多多尝试，宝宝偏食的情况自然会得到缓解。

▶▶ Q：宝宝添加辅食后，奶量下降正常吗？

A：宝宝添加辅食之后奶量的确是会减少的，正常不正常还要看宝宝体重的增长情况。如果宝宝的体重在正常的波动范围内，每天的奶量在600毫升以上就没有问题。宝宝们的吃奶量个体差异比较大，有的宝宝一天有600~700毫升就吃饱了，有的宝宝则要吃到1000毫升。如果宝宝一天的奶量连600毫升都达不到的话，说明奶量确实有点少，应该给宝宝减少一点辅食，毕竟奶水还应该是这一阶段宝宝的主要食物。

▶▶ Q：蛋黄可以用果汁调着吃吗？

A：可以。宝宝如果不爱吃蛋黄，可以加入到一些果汁或果泥里，改善一下口

味。像苹果、西瓜、橙子等，都可以榨汁后和蛋黄调在一起给宝宝吃，但是要用温开水兑稀，不要用纯果汁。不能用冰镇西瓜榨汁，否则很容易伤到宝宝的肠胃。

▶▶▶ Q：蜂蜜不是挺有营养吗，是不是可以给宝宝喝一点呢？

A：尽量不要给宝宝喝蜂蜜，蜂蜜中很多对大人有益的成分反而会造成宝宝肾脏的负担。并且，蜜蜂在酿蜜的过程中，极容易接触到一种名为"肉毒杆菌"的细菌，使蜂蜜受到污染。肉毒杆菌的芽孢进入人体后，一般不会伤害到免疫能力强的成年人，却非常容易在免疫系统尚未成熟的婴儿体内发育，并释放出肉毒毒素，给宝宝的身体造成伤害。这些芽孢有一定的耐严寒、耐高温能力，一般的加工处理很难把它们完全消灭。为了安全起见，1周岁以下的宝宝最好别喝蜂蜜。

▶▶▶ Q：想在临睡前给宝宝加点辅食，有什么需要注意的吗？

A：不要给宝宝喂带有糖分的食物和水，以免含糖食物在口腔的细菌作用下产生酸性物质，腐蚀宝宝的口腔，对宝宝的牙齿不利。吃完东西，还要记得用少量的温开水帮宝宝漱漱口。

▶▶▶ Q：老人有嚼东西给宝宝吃的习惯，个人觉得这不太卫生，可老人说以前带孩子都是这么过来的。到底这种做法好不好？

A：**确实是不卫生。**因为成人的口腔里含有大量病毒和细菌，把嚼过的食物喂孩子，会使自己口腔里的病毒和细菌通过唾液传给宝宝，影响宝宝的健康。宝宝在吃东西的时候必须自己咀嚼，才能使宝宝的咀嚼能力得到锻炼，为进一步吃固体食物打下基础。宝宝自己咀嚼还有一个好处，就是能够充分品尝到食物的味道。这些味道会刺激宝宝分泌出更多的唾液来帮助消化。如果把嚼好的食物喂给宝宝，一是不能锻炼宝宝的咀嚼能力，二是不能刺激宝宝的唾液分泌，久而久之，反而会影响宝宝的消化功能。

▶▶▶ Q：宝宝吃剩下的东西，加热后能再吃吗？

A：最好不要给宝宝吃剩下的辅食。这一时期宝宝的免疫系统还没有发育完全，抵抗力低，非常容易因为感染病菌而生病。俗话说："病从口入。"给宝宝添加辅食的时候，也必须十分注意清洁卫生的问题。给宝宝吃的食物一定要新鲜，最好是现做现吃，尽可能不要吃加工、速冻的食品。尤其是在夏天，气温高，食物容易变质，吃了留存过久的"辅食剩饭"，很容易使宝宝出现腹泻、呕吐等不良症状。所以，还是不要给宝宝吃剩下的东西比较好。如果怕浪费，大人可以吃掉，不要留着下顿再给宝宝吃。

▶▶▶ Q：5个多月的宝宝能吃旺仔小馒头吗？

A：能吃了。有些发育快的宝宝在5个月的时候就已经开始出牙，吃旺仔小馒头正好可以帮宝宝磨牙。但是还是要注意少吃点，因为旺仔小馒头比较甜，对牙齿不太好。吃的时候多让宝宝喝点水，因为旺仔小馒头比较干，要防止宝宝被噎着。

▶▶▶ Q：宝宝现在快6个月了，夏天天气热的时候，能不能少量地喂一点冷藏过的水果或冰淇淋给他（她）吃呢？

A：绝对不可以。6个月内的宝宝应该禁食冷饮。冷饮中含有香精、稳定剂、食用香料等化学物质。这时候宝宝的免疫系统还没有完全发育成熟，过早地接触这些化学物质会使宝宝的免疫系统早期致敏，为日后频繁地发生过敏反应埋下祸根。另外，冷饮温度太低，成年人吃了尚且对胃有刺激，宝宝的肠胃功能还很弱，自然受到的损伤更大。所以，宝宝在6个月内应该禁吃冷饮。除了冷饮，冷藏过的水果也不能吃，因为温度太低，对宝宝娇嫩的胃黏膜来说是个巨大的伤害。

▶▶ Q：奶糕营养丰富又容易消化，是不是可以长期吃，代替粥或稀饭呢？

A：当然不可以。奶糕只是从母乳到稀饭的过渡食品，不能代替粥和稀饭。如果长期用奶糕来代替粥和稀饭，宝宝的咀嚼能力得不到培养和锻炼，反而不利于宝宝牙齿的发育。所以，当宝宝能吃粥、喝稀饭的时候，还是要吃粥和稀饭，不要再吃奶糕。

▶▶ Q：宝宝吃辅食大便干怎么办？

A：这和宝宝吃的东西有关。如果食物里蛋白质的含量较多，糖类的含量少，就会使大便干燥。比如，牛奶里含有更多的酪蛋白及钙，以牛奶为主食的宝宝大便中含有大量不能溶解的钙皂，就容易发生便秘。要解决这个问题，首先要给宝宝进行饮食方面的调整：可以让宝宝多喝水，给宝宝加一点水果和蔬菜。蓖麻油是通便的佳品，宝宝便秘时可以给宝宝吃5～10毫升，通便效果显著。另外，还要让宝宝多活动，并加强定时排便的训练，使宝宝早日建立起一定的排便条件反射，能够预防和缓解便秘时的痛苦。

▶▶ Q：怎样断掉夜奶？

A：断掉夜奶应该是一个比较艰难的过程。因为妈妈们总是很容易心软，夜里宝宝一哭，妈妈们就受不了，于是只好给宝宝喂奶，一来二去，宝宝吃夜奶的习惯就又改不掉了。夜奶虽然难断，却必须断掉；因为宝宝吃夜奶不仅使大人们睡不好，宝宝自己也睡不安稳，夜里吃奶也容易使宝宝长龋齿，还有使宝宝长得过胖的危险。

妈妈们可以通过有计划的安排和坚定的决心，使宝宝不再吃夜间这次奶。

首先，要逐渐减少夜间给宝宝喂奶的次数，让宝宝慢慢习惯少吃一次奶的生活。当然，为了防止宝宝饿醒，白天要尽量让宝宝多吃，睡前一两小时可以再给宝宝喂点米粉或者奶，以免宝宝夜里饿。临睡前的最后一次奶要延迟，并且量要多一点，一定要把宝宝喂饱，再督促他（她）睡眠。在确保宝宝吃饱了的前提下，即使宝宝半夜醒来哭闹，也不要给他（她）喂奶。这时候可以用手轻拍宝宝，哄他（她）睡觉。有时候宝宝哭闹，也不一定是因为饿，可能是想要吸吮的感觉。这时可以给他（她）一个安抚奶嘴，使他（她）的心里得到一点安慰。

7～8个月宝宝的常见喂养问题

▶▶▶ Q：给7～8个月的宝宝添加辅食需要注意些什么？

A：这一时期的宝宝添加的辅食品种要丰富，每一天都要给宝宝补充糖类含量比较多的谷类、蛋白质含量丰富的食物及维生素含量丰富的蔬菜、水果等食物，尽量做到营养全面，搭配均衡。制作辅食的时候也要注意多变换些花样，以丰富宝宝的味

觉。这一时期给宝宝添加的辅食可以再稠一些、硬一些，慢慢地从半流质食物向固体形态的食物转化。精细程度也可以由一开始的"泥糊状"向比较粗糙的"颗粒状"转变，甚至可以给宝宝一些可以用手拿着吃的小片的固体食物，像婴儿饼干、撕成条状的面包、小片的馒头等，让宝宝磨磨牙，锻炼一下宝宝的咀嚼能力。虽然可以尝试固体食物，但也要注意不能操之过急。这时候食物的硬度还是要以宝宝能用舌头捻碎为准，最具有标志性的食物是豆腐。

▶▶▶ Q：宝宝6个多月，是不是可以在辅食中加一点点盐了？

A：6个月以后可以少量吃盐，但是量一定要少。因为人对食盐的敏感度通常是随着年龄的增长逐渐降低的，如果宝宝小时候吃得太咸，长大后就可能导致摄入的食盐过量，影响身体健康。因为1周岁以内的宝宝每天对钠的需求量是400毫克左右，换算成食盐就是1克。由于一些蔬菜、食物中本身就含有一定量的钠，所以给宝宝的食物中加的盐应该更少一些才行。

▶▶▶ Q：宝宝开始不接受新的食物怎么办？

A：刚开始宝宝只是接触一些容易吞咽的流质和半流质食物，现在要给他（她）吃相对来说比较粗糙的颗粒状食物甚至是固体食物，宝宝自然需要一个适应过程。要解决这个问题也不难，只要给宝宝一点时间，多试几次就行了。大多数时候，宝宝抗拒辅食还是因为爸爸妈妈心太急，过快地给宝宝吃固体食物或超过宝宝接受程度的食物。只要有足够的耐心，允许宝宝一点一点地去尝试，相信宝宝很快就会度过这个适应期的。

▶▶▶ Q：宝宝只喜欢吃辅食，不愿意喝奶怎么办啊？

A：随着宝宝一天天长大，乳汁或奶粉能供给宝宝的能量和营养素日益显得不足；这时宝宝的消化系统也逐渐成熟，并有了咀嚼、吞咽非液体食物的能力，使宝宝逐渐能从其他食物中获得更多的营养，于是就出现了宝宝不爱喝奶的情况。这其实不必担心，如果宝宝的体重增长在正常的波动范围内，又没有什么别的异常，说明宝宝能够从每天吃到的食物中获得足够的营养，就不用再勉强宝宝每天喝够一定的奶量。如果只是不爱喝配方奶，可以给宝宝喂一点牛奶试试看。

▶▶▶ Q：8个月的宝宝能吃些什么调味品呢？

A：可以吃一些沙拉酱、西红柿酱、果汁和各种妈妈自己炖的鸡、鱼、肉汤。这些东西味道鲜美，可以丰富宝宝的味觉体验。但是，很多大人们平时做菜用的调味料，像味精、糖精、辣椒粉、咖喱粉等还是不适合宝宝吃的，不要加到宝宝的食物中去。

▶▶▶ Q：7～8个月的宝宝可以吃普通饭菜吗？

A：最好还是不要。因为大人们吃的饭菜，经常有一些不适合宝宝的东西，如过多的食盐和糖，过重的口味，味精、辣椒、咖喱粉等不适合宝宝的调味料等。而这个时

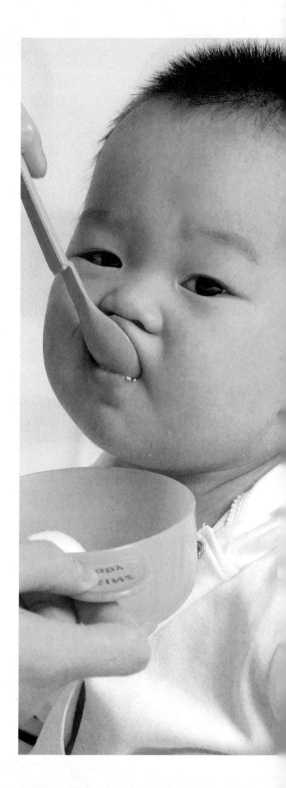

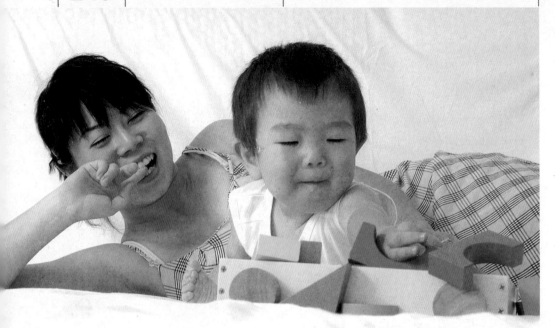

候是宝宝学习吃各种食物和养成良好的进餐习惯的关键时期，最好是用专门为宝宝制作的适合宝宝这个年龄段的食物来喂宝宝，以免使宝宝消化不良，或造成日后偏食、挑食的不良习惯。

▶▶▶ Q：宝宝7个月了还不愿意吃辅食怎么办？

A：在宝宝吃辅食这个问题上一定要牢记一个原则：不能心急。通常宝宝不吃辅食都是有原因的，只要找出原因，再采取相应的办法，问题就可以解决。一般宝宝不吃辅食不外以下几个原因：

1.不知道怎么"吃"。宝宝开始接触一种新的食物时，总是会用已经习惯了的动作来获取它。当宝宝已经习惯了吸吮式的吃奶动作，如果要求他（她）突然用小勺进食，并改成用咀嚼、吞咽的方式去吃食物的时候，宝宝可能就会因为不知道怎么把食物吞下去而变得不耐烦，进而用舌头把食物顶出去，并拒绝吃东西。妈妈只要耐心地多试几次，给宝宝一个适应的时间，宝宝就会开始接受妈妈用小勺喂过来的食物，不再将它们推出去。

2.大人给得太多太急，宝宝来不及吞咽。这时候宝宝往往会因为吞咽不及出现烦躁心理，从而拒绝进食。如果发现食物从嘴角溢出的情况，就说明喂给宝宝的食物已经太多了。这时候就要减少勺内食物的分量，并放慢速度，让宝宝有个吞咽的时间。

3.**食物不合口味**。这通常出现在一些爸爸妈妈工作特别忙的家庭。因为工作忙，爸爸妈妈往往贪图方便，只给宝宝吃一种或固定的几种食物。时间一长，宝宝就会因为缺乏新鲜感而倒了胃口，拒绝再吃。碰到这种情况，就需要爸爸妈妈们多在宝宝的食物制作上下点功夫，一方面多花点时间研究一下宝宝的口味爱好；另一方面要根据宝宝的月龄特点，多加创新，做出种类丰富、形式多样的食物给宝宝吃。

4.**进餐的氛围不好**。这是因为宝宝逐渐长大，对爸爸妈妈的情绪有感知造成的。不要以为只有大人喜欢在愉快的氛围中吃东西，宝宝也同样需要愉悦地进餐。想解决这个问题，最重要的就是营造一个轻松愉快的氛围。宝宝不吃妈妈喂过来的食物时也不要板起脸大声责备宝宝，更不能强喂。这时可以和宝宝说说话，逗一逗宝宝，让宝宝的情绪变得好起来。宝宝高兴了，对新食物的接受程度就会变得更容易些了。

▶▶▶ Q：怎样让宝宝接受比较粗糙的颗粒状食物？

A：首先是要把握好时机，及时进行训练。宝宝学习咀嚼和吞咽有两个关键期，即4～6个月的敏感期和7～9个月的训练期。在这段时间里，要及时添加一些需要咀嚼和吞咽的食物，尽早对宝宝展开训练。比如，把软硬程度不同的食物分开盛放，单独给宝宝喂食，而不是为了图方便，把菜、肉等食物都拌到粥里混着喂宝宝。第二点需要注意的就是要坚持。有些宝宝的喉咙比较敏感，在吃到比较粗糙的食物时会呕吐；有的宝宝在吃了比较粗糙的食物时大便会变成稀糊状，甚至还有没消化的食物。只要宝宝还能吃得下，并且没有其他异常，就说明宝宝没有什么大问题。这时候需要采取的策略就是坚持，更不要因为担心宝宝消化不了而停止添加。只要度过这个适应阶段，宝宝的喉咙就会变得不那么敏感，大便也会变得正常起来。对于已经错过最佳训练时机的宝宝，就需要爸爸妈妈们多花些力气，给宝宝多做几次示范，教会宝宝怎么做咀嚼动作，并减少喂食的量，让宝宝补上这一课。

另外，还可以给宝宝准备一些软硬适度、有营养的小零食，如手指饼干、切成小片的苹果或烤馒头片等，让宝宝拿在手里慢慢吃，尽可能多地锻炼宝宝的咀嚼和吞咽功能。

▶▶ Q：宝宝大便很干是辅食吃太多的缘故吗，该怎么办呢？

A：宝宝大便干燥的原因比较多，总结起来大致有以下三种：

1.饮食过于精细，纤维素摄入不足。纤维素是食物被消化吸收后的主要残渣，形成粪便的主要成分。人只有摄入一定量的纤维素，才能保证形成的粪便达到一定的体积，刺激肠壁产生肠蠕动而排便。纤维素摄入得太少，对肠壁的刺激不够，使形成的粪便不能及时排除，粪便中的水分被身体吸收而变得干结，于是就形成了便秘。五谷杂粮和水果、蔬菜里面的纤维素含量都比较丰富，可以通过让宝宝多吃五谷杂粮，给宝宝添加水果、蔬菜的汁或泥来增加纤维素的摄入，改善宝宝便秘的状况。

2.蛋白质摄入过量。蛋白质摄入过多会使肠发酵菌的作用受到影响，使大便成为碱性，干燥而量少，难以排出，也会发生便秘。如果是这种情况，可以给宝宝多喂一些米汤、面条等蛋白质含量较少的食物，减少蛋白质的摄入。喝牛奶或配方奶的宝宝可以将牛奶或奶粉冲得稀一些，同时多加一点糖（每100毫升牛奶中加10克糖），来改变食物中蛋白质的比例，缓解便秘症状。

3.饮水量不足。体内缺水也会引起便秘，解决方法就是多给宝宝喝点水。除了上面提到的几点，训练宝宝养成定时排便的习惯，每天给宝宝进行10分钟的腹部按摩，都有利于帮助宝宝预防便秘，缓解便秘症状。

▶▶ Q：为什么宝宝吃蛋白会过敏呢？

A：宝宝吃蛋白容易过敏，是由于出生后的6个月内，宝宝的消化系统尚未发育完全，肠黏膜的保护屏障还没有形成，蛋白中的小分子蛋白质容易透过肠壁进入血液，使宝宝的机体对异体蛋白分子产生过敏反应的缘故。到8个月左右，宝宝的消化系统发育已经大大进步，对蛋白中的小分子蛋白质也开始有了抵抗能力，这时就可以开始给宝宝添加蛋白。因为蛋类的营养价值指的是全蛋的营养，单纯吃蛋黄或蛋白都不合理。实际上蛋白比蛋黄更容易消化，如果不出现过敏的话，不必要把它弃之不顾。一般来说，8个月的宝宝已经可以吃蒸全蛋，但有时候也会出现例外。比如有的宝宝属于过敏性体质，就不能急于给宝宝吃蛋白，而要先去调节宝宝的体质，等宝宝能适应的时候再给他（她）吃蛋白。

▶▶▶ Q：8个月的宝宝辅食里能不能加香油？

A：可以加。香油香味浓郁，能增进宝宝的食欲，有利于食物的消化吸收，还含有大量的维生素E和不饱和脂肪酸，营养价值比较高。对便秘的宝宝来说，香油还有润肠通便的作用。但是量不要太多，一般一天吃一次，每次有个三五滴就可以了。

▶▶▶ Q：宝宝现阶段可以吃虾仁鸡蛋粥吗？

A：最好还是不要一起放。鸡蛋和虾都属于高蛋白食品，这对于只有8个月大的宝宝来说有点过量，超出的部分可能会因为不被吸收而引起宝宝消化不良，所以还是不要一起吃为好。

▶▶▶ Q：给8个月的宝宝吃水果的时候有什么需要注意的？

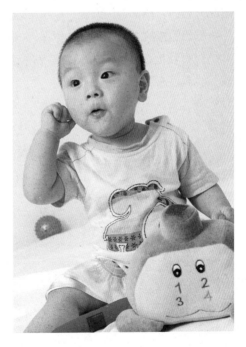

A：8个月的宝宝可以吃的水果种类很多。一般来说，只要是当季成熟的新鲜水果，像夏天的桃子、西瓜，秋天的苹果、梨、葡萄、山楂、香蕉等，都可以给宝宝吃。但需要注意的是，给宝宝吃水果的时候最好是选当季成熟的新鲜水果，随吃随买，反季水果或储存时间过长的水果营养成分都流失得比较多，不适合给宝宝吃。另外，一些容易上火的水果，像龙眼、荔枝、橘子、杏、李子等容易伤脾胃的水果都不要给宝宝吃。吃水果的时间要安排在两餐之间。餐前吃水果占据宝宝的胃部空间，不利于乳汁或其他食物的正常摄入；餐后吃则容易使水果停留在胃里，引起胃胀气。

▶▶▶ Q：宝宝爱吃水果不爱吃蔬菜，能不能多吃点水果代替蔬菜呢？

A：**不能**。虽然水果和蔬菜里面都含有丰富的维生素，二者之间仍然存在着很大的差别，水果并不能代替蔬菜。蔬菜（特别是绿叶蔬菜）中含有丰富的纤维素，能够促进肠蠕动，使大便通畅，预防便秘的发生。和蔬菜比起来，水果中无机盐和粗纤维的含量都比较少，不能给肠肌提供足够的"动力"，容易使宝宝有饱腹感，从而导致食欲下降。如果完全用水果代替蔬菜的话，很可能导致宝宝出现营养不良，影响身体的发育。

▶▶▶ Q：6个月以后的母乳还有营养吗？

A：**母乳永远都是有营养的**。我们说的"营养下降"不是说母乳没了营养，而是说和宝宝日益增加的需求相比，母乳里提供的营养变得不能满足宝宝的需要了。这时候就需要通过给宝宝添加配方奶或其他辅食来补充。1岁以前的孩子可以断母乳，但是不要断了配方奶。毕竟，对于宝宝来说，辅食只起到辅助作用，奶还是最重要的。

▶▶▶ Q：可以吃一点辅食却不吃奶粉的宝宝是不是还不能断奶？

A：**8个月的宝宝仍然应当以奶类为主食**。如果想给宝宝断奶，就要先培养宝宝吃配方奶的习惯，否则宝宝可能会出现营养不良。喂不进奶粉也可能是宝宝不习惯用奶瓶喝奶的缘故。妈妈可以先把母乳挤出来放到奶瓶里给宝宝吃，让宝宝接受用奶瓶吃奶，慢慢地改成吃配方奶，然后再逐渐断奶。断奶前后还要注意给宝宝补充蛋白质，以保证充足的营养。

▶▶▶ Q：宝宝最近突然拒绝吃奶，是不是自己想断奶了？

A：1岁以下的宝宝有时候会出现没有任何明显理由突然拒绝吃奶的情况，通常被称为"罢奶"。这和宝宝的生长速度放慢，对营养物质的需求量减少，对奶的需求量本能地减少有关系。这个过程大概会持续一周，在医学上称为"生理性厌奶期"。这段时间过去后，随着运动量的增加，奶量又会恢复正常。这并不是"自我断奶"，所以不能贸然给宝宝断奶。一般来说，"自我断奶"是在宝宝已经吃了很多固体食物，身体已经适应通过母乳以外的食物摄取营养的情况下发生的。这种情况通常要到1周岁以上才会发生。

▶▶▶ Q：可以经常用肉汤给宝宝泡饭吃吗？

A：不可以。 首先要认识清楚一点，不管煲多长时间，汤里的营养都只有5%～10%，更多的营养还是在肉里；如果只喝汤不吃肉，宝宝并没有吃到更多的营养。汤泡饭还会给胃造成负担，很容易使宝宝得胃病，更不能长期给宝宝吃。

9～10个月宝宝的常见喂养问题

▶▶▶ Q：宝宝白天才喝200毫升左右的母乳够吗？

A： 一般来说，如果辅食加得正常，9～12个月大的宝宝每天的饮奶量应该在300～500毫升。之所以出现这种情况，可能是妈妈的奶水质量有些下降，营养成分有些不能满足宝宝的需求了。虽然这时候可以减少母乳喂养的次数和数量，也不能给宝宝完全断奶，因为毕竟乳类食品还是能给宝宝提供很大一部分的营养。这时候妈妈可以添加一些配方奶、牛奶之类的代乳食品，另外注意给宝宝添加营养丰富的辅食，以满足宝宝生长发育时的营养需要。

▶▶▶ Q：9个月的宝宝有了畏食症怎么办？

A： 9个月是宝宝正式进入离乳期、建立起自己的进餐规律的阶段。这时候给宝宝添加的食物，品种要更加丰富多样，营养要更加全面，色泽、外形、味道、口感上也要尽量做到新鲜美味，这样能够激起宝宝的食欲，培养起宝宝对吃东西的兴趣，避免厌食的发生。

如果以前汤面、蛋羹之类的食物吃得比较多，可以想办法换换种类，给宝宝添加一些肉菜粥、炖或炒的鸡蛋、肉末、菜末、小饼干、水果和蔬菜之类的食物调剂一下，最好再讲究一下食物之间的搭配，相信宝宝会胃口大开，接受这些新的食物的。

▶▶▶ Q：宝宝都9个月了，还不肯吃汤勺里的东西，怎么办？

A： 宝宝吃东西的习惯是慢慢培养起来的，这就需要妈妈多付出一些努力，耐心地对宝宝进行一段时间的训练。一般宝宝在饥饿的时候比较容易接受汤勺里送过来的食物，所以可以把辅食添加的时间调到喂奶之前。等宝宝感到饿想吃东西的时候再用汤勺一点点地喂给他（她）食物，相信经过几天宝宝就会适应。

▶▶▶ Q：宝宝吃东西的时候不会嚼怎么办？

A：多数宝宝到七八个月大的时候就已经长门牙了，如果辅食添加得正确，咀嚼动作应该进行得很熟练了。如果还不会嚼，多半是因为家长怕宝宝会噎着，一直采用捣烂、捣碎的办法制作辅食，让宝宝吃不必咀嚼就可以吞下去的食品，使宝宝的咀嚼能力得不到锻炼造成的。这时候就要改变以往的辅食添加方式，及时给宝宝添加一些比较软的固体食物（如小片的馒头、面包、豆腐等）和比较稠的粥，锻炼一下宝宝的咀嚼能力。给宝宝添加的食物也不要弄得太碎，可以给宝宝做一些碎菜末、肉末等有些颗粒感的东西，而不是像以前一样全部都打成泥。另外，还可以给宝宝一些烤馒头片、面包干、饼干等有硬度的东西，给宝宝磨磨牙，同样能锻炼宝宝的咀嚼能力。

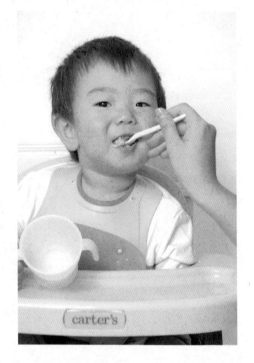

吃饭的时候，妈妈可以先给宝宝做示范，再鼓励宝宝学着自己的样子嚼着吃，让宝宝的咀嚼能力得到尽可能多的锻炼。

▶▶▶ Q：9个月的宝宝能吃乳酸奶吗？

A：酸奶是用新鲜牛奶煮沸后凉凉，加入乳酸或枸橼酸、柠檬酸等果酸制成的。加了这些酸后，牛奶中的酪蛋白在进入胃部前会被分解成细小、均匀的颗粒，减少胃的工作量，有助于消化吸收，对患消化不良、腹泻、痢疾的宝宝来说是一种很好的食疗食品。再加上酸奶的口味比较好，一般很受宝宝的喜欢。

但是从营养价值上看，由于乳酸奶里面牛奶的含量比较少，蛋白质、脂肪、铁和维生素等营养素的含量更是连牛奶的1/3也不到，所以不能用来作为牛奶或奶粉的替代品，作为辅食，少量地喝一点还是可以的。

▶▶▶ Q：可以给9个月的宝宝吃鸡脑吗？

A：民间有句老话："十年的鸡头赛砒霜。"这就是说，尽管鸡脑的味道很好，营养也很丰富，可也有很大的毒性。这是因为鸡在啄取食物的过程中经常会吃进一些有害的重金属，而这些重金属主要储存于脑组织中。鸡的年龄越大，鸡脑中的重金属就越多，毒性就越强。9个月的宝宝各项功能发育还不完全，更要避免一切有毒物质的摄取。如果给宝宝吃鸡脑，不但会加重宝宝肝脏的负担，还有可能使宝宝出现食物中毒。所以，还是不要给宝宝吃鸡脑比较好。

▶▶▶ Q：宝宝一吃鱼肉或鱼肉米粉就会腹泻是什么原因？

A：这是宝宝对鱼肉中的蛋白过敏的缘故，暂时不要让宝宝吃鱼肉就可以了。宝宝之所以会这样，根源还是在母亲身上。可能妈妈在怀孕和哺乳期间吃的植物油太少，使宝宝体内缺乏不饱和脂肪酸，导致宝宝的毛细血管比较脆弱，通透性增加，使鱼肉中的蛋白质分子容易透过血管壁进入血液，引起蛋白质过敏。解决的办法也有，就是给宝宝添加含植物油较多的辅食，如芝麻、大豆、花生、葵花子等，仍在进行母乳喂养的妈妈也要多吃植物油，给宝宝补充够所需要的不饱和脂肪酸，就可以改善宝宝对鱼肉过敏的情况。

▶▶▶ Q：9个月的宝宝不爱吃粥怎么办？

A：有些宝宝对食物的味道比较挑，单纯给他（她）吃粥的话确实有些难度。其实你可以加上蔬菜、鸡蛋、动物肝末、肉末等配料，直接烧成蛋花粥或肉菜粥，粥的味道就会大大改善，应该能激起宝宝的食欲。此外，还可以自己做或买一些婴儿肉松（鱼松），给宝宝拌在粥里，宝宝一般会很爱吃。市面上卖的肉松（鱼松）大多数加了味精，对宝宝的身体不太好，要尽量少吃。如果有时间的话，还是自己做比较好。

肉松的做法其实很简单：先把肉烧好（注意不要加太多调料），用小勺把肉弄碎，放到锅里干炒一会儿，然后再用搅拌机把肉丝打松就可以了。用这样的办法也可以做鱼松。

▶▶▶ Q：隔夜的粥或软面条可以给宝宝吃吗？

A：**不可以。**因为这时候宝宝的免疫力比较弱，从妈妈那里得到的抗体在这个时候也已经基本上消耗完了，容易受到细菌或病毒的感染，吃的东西更要特别注意卫生。为了宝宝的健康，辅食最好是现做现吃，最大限度地保证食物的卫生和新鲜。隔夜的饭菜最容易受到细菌的感染，而且没什么营养，还会生成大量的亚硝酸盐，对宝宝的健康不利。所以，绝对不要给宝宝吃隔夜的饭。如果觉得麻烦，早上可以给宝宝冲点奶粉，加两块饼干；或是米粉加一点果泥，既简单又营养，应该不会耽误妈妈多少时间。

▶▶▶ Q：宝宝可以经常吃皮蛋瘦肉粥吗？

A：皮蛋瘦肉粥味道鲜美，还有益气养阴、养血生津的食疗功效，宝宝喜欢的话，少量地吃一点是可以的。但是有一个问题：皮蛋里面含有铅，这是一种对宝宝生长发育危害极大的重金属。宝宝的肝肾功能发育还不完全，排泄重金属的能力比较差，长期吃的话容易出现慢性铅中毒，所以不提倡妈妈经常给宝宝吃皮蛋瘦肉粥。

▶▶▶ Q：可以给9个月的宝宝吃羊肉丸子吗？

A：羊肉性温，能够温补气血；开胃益肾，对人有很好的补益效果，还含有丰富的蛋白质、钙、钾、铁、维生素B_1等营养素，比较适合在冬天给宝宝吃。但是吃的时候要注意弄成碎末，否则宝宝不容易消化。并且一次不要吃太多，因为羊肉是发热的，吃多了容易上火。

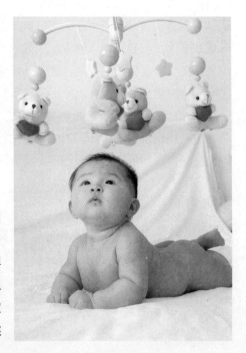

▶▶▶ Q：9个月宝宝能吃昂刺鱼吗？

A：昂刺鱼肉质细嫩，味道鲜美，刺少肉多，含有丰富的蛋白质、钙、磷、钾、钠、维生素D等营养成分，还有助于调和脾胃，适当地给宝宝吃一些是很有好处的。但是也要注意，昂刺鱼属于"发物"，有些宝宝吃了会过敏。在给宝宝添加昂刺鱼的时候一定要少量，并随时注意宝宝的反应，一出现过敏现象，就要立即停喂。出水痘的宝宝在水痘发出之后也不要再吃，以免对宝宝的健康不利。

▶▶ Q：9个月的宝宝能吃蛋糕吗？

A：这时候的宝宝已经有了一定的咀嚼和吞咽能力，一般烘焙过的蛋糕都可以吃。但是做的时候注意少加糖，因为糖对宝宝的牙齿不好。另外就是一次不要吃太多，因为甜食吃得太多会使宝宝减少正餐的摄入量，容易引起营养不良。

▶▶ Q：9个月的宝宝能吃萨其马吗？

A：**最好不要给宝宝吃。**因为萨其马的含糖量比较高，而这时候宝宝正处于出牙期，吃糖太多对牙齿不好，还会增加宝宝肝、胆等器官的负担，对宝宝的身体健康不利。如果想给宝宝加点心的话，建议给宝宝一些切成小片的水果和烤馒头片、饼干等磨牙食品，帮助宝宝锻炼牙床和口腔肌肉，促进乳牙的顺利萌出。

▶▶ Q：9个月的宝宝能吃鸡皮吗？

A：鸡皮所含脂肪比例比较高，对宝宝来说还是太油腻，容易造成宝宝消化不良，最好还是不要给宝宝吃。

▶▶ Q：宝宝一喂米糊就吐，但是体重却不下降。这是为什么？

A：如果没有腹泻、皮疹等过敏反应的话，可能是由于米糊吃得太多了，宝宝有点厌烦。10个月的宝宝已经可以吃很多食物了，像用各种谷物煮成的粥、烂面条、软面包、小块的馒头等，都可以给宝宝吃。宝宝吃米糊就吐时可以多换些花样，不要总给宝宝吃一种食物。

▶▶ Q：宝宝一吃鸡蛋就长湿疹怎么办？

A：长湿疹说明宝宝对鸡蛋过敏，现在就不要再给宝宝吃了，免得对宝宝的健康不利。如果怕宝宝营养不良，可以给宝宝吃一点鱼肉泥、肉末、动物肝脏、豆腐等食物。这些东西都含有丰富的蛋白质、钙、铁等营养元素，能帮助宝宝预防贫血。

▶▶ Q：9个月的宝宝总爱自己用小勺吃饭怎么办？

A：首先，妈妈应该感到高兴。因为这是宝宝想自己吃饭的表示，也是宝宝由以依恋母乳到和大人一样进餐的转变的开始，非常值得鼓励。这时候的宝宝当然不可能像大人一样对各种餐具运用自如，还需要妈妈多多指导，并给宝宝提供锻炼的机会。如果怕宝宝弄脏餐桌、衣服和地面，可以给宝宝准备一套吃饭用的小围兜，并铺好桌布，在地上可以铺些报纸，以便帮宝宝"打扫战场"。不管宝宝能不能真正地把饭送到嘴里，妈妈千万不要不耐烦。如果在这时候发怒或是呵斥宝宝，可能会打击宝宝自主锻炼的积极性，甚至使宝宝形成心理阴影而拒绝使用餐具。等妈妈想教宝宝使用餐具的时候，可能要花费更多的力气哟！

▶▶▶ Q：10个月的宝宝每天吃2个鸡蛋羹多吗？

A：是有点多。鸡蛋虽然有营养，却是一种很容易使宝宝出现过敏的食物。吃得太多一是容易出现过敏反应，二是容易引起宝宝消化不良。10个月大的宝宝每天吃一个鸡蛋就可以，最多可以吃一个半，不能再多了。如果觉得宝宝吃不饱，可以再添加些粥、软面条、蔬菜、鱼、肉等食物，同样可以为宝宝提供丰富的营养。

▶▶▶ Q：10个月的宝宝可以吃含盐量和大人一样多的食物吗？

A：不可以。给宝宝添加辅食有一个很重要的原则就是要少放盐。因为这时候宝宝的肾功能发育还不完全，吃盐太多容易加重宝宝肾脏的负担。有些研究证明，从小吃盐比较多的宝宝，长大后得高血压的概率比吃盐少的宝宝要高得多。而且，这时候宝宝的味觉很灵敏，大人吃时感觉不到咸的食物，宝宝就已经觉得很咸了。如果给宝宝吃和大人一样咸的食物，一是容易使宝宝丧失对食盐敏锐的味觉，二是容易使宝宝吃盐过量，对以后的生长发育不利。一般来说，1岁以内的宝宝一天盐的摄入量应该不超过1克，这还包括一些蔬菜、水果、肉类食物里本身所含的盐分。所以，给宝宝加盐的时候量一定要少，只要稍微能感觉到一点咸味就可以了。

▶▶▶ Q：用白米饭加上水给宝宝煮粥可以吗？

A：从消化的角度来看，白米饭加上水煮的粥是可以给宝宝吃的。但是这样煮出来的粥营养价值会低很多。因为在煮米饭的过程中，大米中的营养物质已经被分解到饭里了。再加上水煮粥的话，各种营养物质在再次加热及沸腾的过程中会进行第二次分解，并出现大量流失。10个月的宝宝虽然生长发育的速度放慢了，对各种营养物质的需求仍然是很大的，长期吃这样的粥，对宝宝的生长发育不利。

▶▶▶ Q：宝宝10个月了，可以吃用水泡过的绿豆饼吗？

A：绿豆饼里含有淀粉、脂肪、蛋白质、钙、磷、铁、维生素A、维生素B_1、维生素B_2、磷脂等营养物质，还有清热解毒的功效，可以适当地给宝宝吃一点，但是不要太多。另外要注意，最好给宝宝吃自己做的绿豆饼，做的时候少放些糖。如果是买的，不建议给宝宝吃，因为市面上的糕点大多含糖量比较高，而且添加了香精、色素等添加剂，对宝宝的生长发育没有什么好处。

▶▶▶ Q：宝宝食欲缺乏，吃饭就恶心、干呕是什么缘故？

A：首先要观察一下宝宝是不是积食了。积食的宝宝一般会出现恶心、呕吐、打酸嗝、手足发烧、皮肤发黄、精神萎靡、睡觉的时候不停地翻身（有时还会咬牙）的症状。如果观察宝宝的舌苔，会发现舌苔很厚，颜色发白，还能闻到宝宝呼出的口气里有酸腐味。如果是这样，可以给宝宝吃一些助消化的药，或有消食作用的食疗膳食，还可以给宝宝进行一下腹部按摩，或是停止给宝宝添加辅食，"饿"上一两天，症状就会减轻。

如果不是积食，最好还是到医院去检查一下，看看是不是其他方面的问题，请医生帮助你解决。

▶▶▶ Q：10个月的宝宝能吃牡蛎吗？

A：一般来说，10个月的宝宝已经可以吃海鲜了。但是添加的时候还是要从少量开始，并注意宝宝吃了之后的反应。如果不过敏，再慢慢地加量。这时候宝宝的消化系统还不够完善，烹调时一定要做熟、煮烂，以便于宝宝消化和吸收。

▶▶▶ Q：10个月的宝宝能吃燕麦片了吗？

A：能吃了。燕麦含有丰富的蛋白质、脂肪、维生素、铁、锌等营养元素，还含有丰富的亚油酸，对宝宝的中枢神经系统发育有很好的促进作用。燕麦还有一个好处，就是含有丰富的B族维生素，能够弥补精米精面缺乏B族维生素的不足，为宝宝提供更全面的营养。燕麦里的膳食纤维可以帮助宝宝调节肠胃功能，预防便秘。

11~12个月宝宝的常见喂养问题

▶▶▶ Q：为什么现在都不提倡给宝宝多喝豆奶呢？

A：豆奶确实含有丰富的蛋白质和卵磷脂、皂苷等营养成分，此外还含有较多的微量元素和B族维生素，不失为一种比较好的营养品。但是，豆奶所含的蛋白质主要是植物蛋白，而植物蛋白在人体内的转化过程很复杂，对于消化功能还没有完全发育成熟的宝宝来说是很难消化和吸收的，如果长期喝的话，很可能使宝宝无法很好地进行利用，反而造成营养不良。

豆奶中含的铝、锰等微量元素也比较多，这些元素如果摄入过多，将会影响宝宝的神经系统发育，对宝宝的成长不利。而豆奶中的类黄酮会使长期服用豆奶的女宝宝出现青春期提前和性早熟，也不利于宝宝的健康成长。

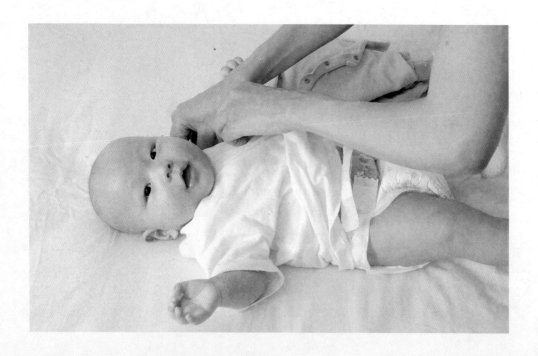

>> Q：能不能用葡萄糖代替白糖给宝宝增加甜味呢?

A：**最好不要。**虽然葡萄糖里含的单糖不必经过消化就能够直接被人体利用，有利于宝宝吸收，却容易使宝宝的胃肠缺乏锻炼而"懒惰"起来，造成消化功能的减退，反而影响其他营养素的吸收。葡萄糖一般用于为消化功能差的低血糖患者补充糖分，作为日常食品反而不如白糖、红糖或冰糖。所以，还是少给宝宝吃葡萄糖比较好。

>> Q：10个月的宝宝可以吃煮鸡蛋了吗?

A：这时候的宝宝咀嚼和吞咽能力已经有了很大提高，完全可以给宝宝吃煮鸡蛋。另外，嫩炒的鸡蛋或是蛋花汤也可以给宝宝吃。但是不要给宝宝吃煎蛋，因为煎出来的鸡蛋比较油腻，不利于宝宝消化吸收。

>> Q：11个月的宝宝可以吃鲟鱼肉吗?

A：**可以吃。**鲟鱼肉含有十多种人体必需的氨基酸，还有"DHA"和"EPA"等营养物质，对促进宝宝的大脑发育比较有好处，但是要注意别过量。

>> Q：11个月的宝宝能吃芋头吗?

A：**可以吃。**芋头富含蛋白质、钙、磷、铁、钾、镁、钠、胡萝卜素、烟酸、维生素C、B族维生素、皂角苷等多种营养成分，能增强人体的免疫功能，还具有帮助消化、增进食欲、补中益气的功效，宝宝吃是很好的。11个月的宝宝咀嚼能力有了很大的进步，已经可以吃煮芋头了，还可以用芋头煮粥，味道也不错。但是要注意的是，生芋头有小毒，必须要蒸熟煮透才能吃。还有就是芋头不能和香蕉一起吃，吃多了会腹胀，对宝宝的身体也不好。

>> Q：宝宝已经11个月了，能吃干酪吗?

A：**11个月的宝宝吃干酪还是有些早。**因为干酪虽然营养价值比较高，却含有过多的饱和脂肪酸。饱和脂肪酸是一种比较难以消化的物质，11个月的宝宝消化功能还不够健全，贸然摄入难以消化的饱和脂肪酸，很可能引起消化不良。所以，妈妈们还是不要性急，最好等到1岁以后，再循序渐进地把它添加在宝宝的食物当中，让宝宝在有能力消化吸收的前提下从干酪的营养中得益。

▶▶▶ Q：宝宝吃粥的时候干呕是什么原因？

A：这是由于宝宝以前一直吃比较容易吞咽的流质、半流质食物，吞咽能力比较低，对固体食物不适应引起的。不建议把粥再煮烂一些。因为这种现象本来就是宝宝缺乏锻炼引起的，如果把粥煮得更烂，宝宝的吞咽能力得不到锻炼，将总是不能接受固体食物。如果觉得宝宝难受，可以一次少给宝宝一点食物，等宝宝完全咽下去了再喂下一口。这时候还要注意训练宝宝的咀嚼动作。在吃饭的时候，妈妈可以先给宝宝作示范，让宝宝照着模仿。给宝宝添加的食物硬度上也要有所提高，具体硬度可以以"肉丸子"为准。

▶▶▶ Q：11个月的宝宝能不能吃杧果？

A：杧果含有丰富的维生素、胡萝卜素、蛋白质、硒、钙、磷、钾等营养物质，适当地给宝宝吃一点是有好处的。但是注意不要多吃，因为杧果比较容易引起过敏，轻的时候嘴上会起红色的水疱，严重的话还会引起喉头水肿、过敏性休克，威胁到宝宝的生命安全。如果想给宝宝添加杧果，最好先从果汁加起。如果宝宝喝了没有反应，再少量地给宝宝吃一点果肉。添加过程中一定要严密观察宝宝有没有过敏反应。

▶▶▶ Q：11个月的宝宝是不是可以吃点调味品了？

A：7~12个月是宝宝味觉发育的最佳时期，这时候可以少量地给宝宝添加一些调味品，让宝宝体验各种不同的味道，促进宝宝味觉的发展。但是，最好不要给宝宝添加鸡精（或味精）。因为鸡精（或味精）里含有一种名为"谷氨酸钠"的化学物质，能够和宝宝体内的锌发生特异性组合，生成不能被人体利用的谷氨酸锌而被排出体外，导致宝宝缺锌。

▶▶▶ Q：宝宝可以吃小西红柿吗？

A：小西红柿，又称圣女果，是茄科番茄属中的一个品种，而不是什么变异品种。它的含糖量比较高，味道比西红柿要好，营养价值也比西红柿高。它里面所含的谷胱甘肽和番茄红素具有增加人体免疫力、促进宝宝的生长发育的作用。它所含的维生素PP具有保护皮肤，维护胃液正常分泌，促进红细胞生成的作用。宝宝适当地吃一些应该对身体是有好处的。

需要注意的是，一定要选自然长熟的圣女果给宝宝吃。因为催熟的圣女果里面通常含有激素，会引起宝宝内分泌系统的紊乱，使宝宝出现性早熟等不正常现象，对宝宝的成长不利。

▶▶▶ Q：宝宝添加固体食物后干呕、大便不正常怎么办？

A：给宝宝添加固体食物确实是有些妈妈的难题。因为这时候宝宝总会出点状况，呕吐啦，大便不正常啦，让妈妈为他（她）担心。这时候就要注意观察：宝宝有没有精神不振，是不是特别爱哭闹，舌苔白不白，厚不厚，呼出的口气里有没有酸腐味。如果有这些症状，就说明宝宝消化不好，积食了，需要减少辅食，并赶紧采取措施。如果宝宝不哭不闹，照吃照玩，也没有其他不舒服的症状，就没有什么问题。吃进去的食物即使没有消化掉，也会起到锻炼宝宝肠胃的作用。经过一段时间的锻炼，宝宝的消化功能加强了，对吃进去的食物也就能完全消化、吸收了，大便的性状也就好转了。

如果总是担心宝宝消化不了，给宝宝添加过多太细腻的食品，不但宝宝的肠胃得不到锻炼，还容易使宝宝因为热卡过剩而引起肥胖。而婴儿时期的肥胖又是宝宝成年后患肥胖症的一个重要原因，这大概是妈妈最不愿意看到的结果。

所以，尽管开始的时候宝宝吃起来会比较困难，妈妈还是应该及时给宝宝添加固体食物，因为只有这样才能为宝宝锻炼出一副好肠胃。而有个好的胃口，比给宝宝无数的美食，意义要重大得多。

▶▶▶ Q：超市里卖的饺子皮可用来给宝宝包饺子吗？

A： 就食物的软硬程度来说，超市里卖的饺子皮和家里自己做的饺子皮没有太大的差别，是可以给宝宝吃的。但是需要注意的是，有些超市的卫生条件不太好，出售的饺子皮很容易受到细菌的感染。这样的饺子皮就不要买给宝宝吃了，因为这时候宝宝的免疫力还比较低，吃了不卫生的饺子，很容易生病。

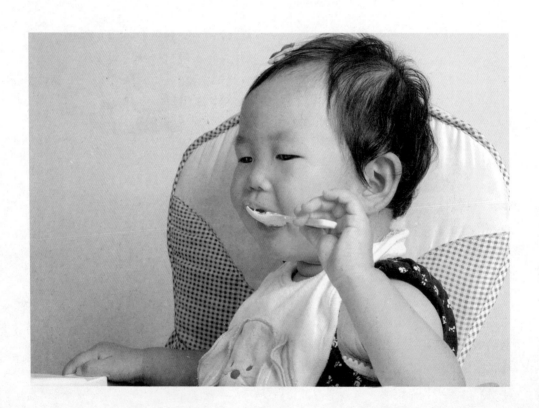

▶▶▶ Q：11个月的宝宝该怎样吃点心?

A： 点心的主要成分是糖类，营养价值和米饭、面食差不多。断乳结束期的宝宝乳量减少，辅食又向着一日三餐的规律发展，在喝奶和吃辅食之间的间隔太长的时候，就需要吃一点点心，来补充宝宝生长发育所形成的能量需求。这时候可以给宝宝吃的点心很多，但还是要以容易咀嚼和消化的饼干、面包、蛋糕为主。不要给宝宝吃咸煎饼、油条、月饼等食物，因为这些东西很容易掉进气管，引起宝宝呛咳。也不要给宝宝吃糖，因为容易使宝宝出现龋齿。

吃点心的时间可以在上午和下午各安排一次，最好每天定时，不能随时都喂。有些宝宝主食吃得很好，长得胖，就不要再吃点心。如果宝宝还想吃东西，可以给他（吃）水果代替。有些宝宝主食吃得很少，体重增加不理想，只要宝宝喜欢吃，在饭后1～2小时内适当地吃些点心，有利于宝宝的发育。有些妈妈一见宝宝不好好吃饭就想给宝宝喂点心补充营养，也是不恰当的。其实，在宝宝没食欲的时候不用喂点心。

▶▶▶ Q：宝宝能吃生葵花子吗?

A： 葵花子的确含有维生素E、铁、锌等营养物质，此外还含有丰富的脂肪、钾、镁、维生素B_1、维生素A、维生素PP等营养物质，不但可以预防贫血，还是维生素B_1和维生素E的良好来源。但是这只是相对于成人而言的。对宝宝来说，葵花子因为比较硬，不容易被嚼碎，特别容易被卡在食道里，为宝宝造成极大的痛苦。所以，要想为宝宝补充维生素E、铁和锌，最好是采取其他的办法，不要给宝宝吃葵花子。

▶▶▶ Q：11个月的宝宝能吃鹌鹑蛋吗?

A： 可以吃。鹌鹑蛋含有丰富的蛋白质、脑磷脂、卵磷脂、赖氨酸、胱氨酸、维生素A、维生素B_1、维生素B_2、铁、磷、钙等营养物质，可以补气益血，强筋壮骨，营养价值不亚于鸡蛋，适当地吃一点对宝宝是很有好处的。但是也别吃太多，一天不超过4个就可以了，吃多了容易上火。

Q：宝宝爱边吃边玩，费时费力，怎样才能改掉这个毛病？

A： 宝宝吃饭的时候边吃边玩，很大的原因在于大人的引导不当。在宝宝刚开始学习吃饭的时候，有的妈妈为了让宝宝多吃饭，采取用玩具吸引或做游戏的方式鼓励宝宝多吃，久而久之就会使宝宝形成"吃饭的时候应该玩"的印象，从而养成边吃边玩的坏习惯。

对于这种情况不能心急，更不能盲目地训斥宝宝，而是要从培养宝宝良好的吃饭习惯入手，慢慢地把这个毛病改过来。

首先要给宝宝提供一个良好的吃饭氛围：尽量在一个固定的时间吃饭，不要饥一顿饱一顿，以使宝宝的身体形成规律，一到吃饭时间就有饥饿感，从而顾不上受外界的影响而专心致志地吃饭。在吃饭前1个小时之内不要给宝宝吃零食，吃饭时要把玩具从宝宝的身边拿开，也不要开着电视，更不要边吃饭边逗宝宝玩耍。

最好给宝宝设置一个固定的进餐位置，在吃饭前督促宝宝洗好手，做好一切和吃饭有关的准备，让宝宝形成"要吃饭了"的概念，从心理上对吃饭重视起来。为宝宝准备的食物最好经过精心烹调，色、香、味突出，能够吸引宝宝的注意力，激发起宝宝的就餐积极性。

如果觉得宝宝吃饭的节奏太慢，可以提醒宝宝，并给宝宝作一下示范，让宝宝在比较中发现自己的不足，不要大声地训斥宝宝，也不要单纯用比赛的方法加快宝宝的吃饭速度。

如果采取了各种办法宝宝还是不好好吃饭，说明宝宝已经不饿了。这时最好把宝宝的饭碗端走，不必勉强他（她）吃。如果担心宝宝会饿，可以把下一顿饭稍稍提前一点。这样在下一顿饭的时候，宝宝会因为饥饿而有食欲，自然会乖乖地吃饭。

▶▶▶ Q：宝宝不爱吃蔬菜怎么办？

　　A：蔬菜中含有宝宝生长发育必需的多种维生素、胡萝卜素和矿物质，能使宝宝的体液呈弱碱性，帮助宝宝增强免疫力，所以还是应该培养起宝宝对蔬菜的兴趣，使宝宝多获得一些对身体有益的营养。

　　宝宝不爱吃蔬菜，有时候是因为不喜欢某种蔬菜的特殊味道；有时候是因为被成团的菜叶卡住过，对蔬菜产生了不好的印象。因此，妈妈在给宝宝添加蔬菜时，要本着先叶后茎的原则，先给宝宝吃纤维比较少的蔬菜的嫩叶，在烹调的时候尽量把菜切得碎一点，煮得烂一点，避免宝宝被蔬菜中的纤维卡住。宝宝不喜欢吃的蔬菜不要硬添，可以多换几种品种，让宝宝多尝试一下不同蔬菜的不同味道，从宝宝喜欢的味道上打开突破口。在平时吃饭的时候，妈妈也要积极地带头多吃蔬菜，并做出吃得津津有味的样子，使宝宝对吃蔬菜产生积极的期待，千万不要在宝宝面前议论什么菜不好吃，避免使宝宝形成对某种蔬菜的不好印象。

　　宝宝通常喜欢外观漂亮的食物，妈妈也可以在蔬菜的烹调方面多做些努力，比如把不同色彩的蔬菜搭配在一起，将蔬菜摆成各种可爱的形状，还可以把蔬菜和肉一起裹在面皮里，做成小包子、小饺子、小馄饨等带馅食品，使宝宝在吃蔬菜的时候得到乐趣。只要多想办法，耐心坚持，宝宝肯定会喜欢上蔬菜的。

▶▶▶ Q：12个月的宝宝可以吃酸奶吗？

A：酸奶是以牛奶为原料，加入纯乳酸菌发酵剂发酵而制成的。酸奶的蛋白质凝块比较小，容易消化，其中所含的乳酸菌可以抑制一些肠道有害菌的生长，从而提高肠道免疫力，很适合腹泻和消化功能差的年龄较大的宝宝。

虽然如此，在满1周岁之前，宝宝还是最好不要喝酸奶。这主要是因为，宝宝的胃肠道系统还没有发育完善，胃黏膜屏障并不健全，体内代谢乳酸的酶系统也不成熟，这时给宝宝喝酸奶会"腐蚀"宝宝娇嫩的胃肠黏膜，影响宝宝对其他食物的消化吸收。摄入过多的乳酸也会影响宝宝体内的酸碱代谢平衡，对宝宝的健康不利。因此，1岁以内的宝宝，最好不要喝酸奶。

▶▶▶ Q：12个月的宝宝喝奶时会呛奶是什么原因？

A：宝宝吃奶的时候呛到除了和奶嘴太松、变形或破裂有关外，还和宝宝本身有关。随着年龄的增长，宝宝的需求量也大了，力气也大了些，吃一口奶吸出来的奶量就更多了，偶尔呛到也是很正常的。这时候就要给宝宝添加各种营养丰富的辅食，以满足宝宝日益增长的营养需求。另外，在喂奶的时候可以把奶瓶拿缓一点，可以减少一点流量，防止宝宝被呛到。

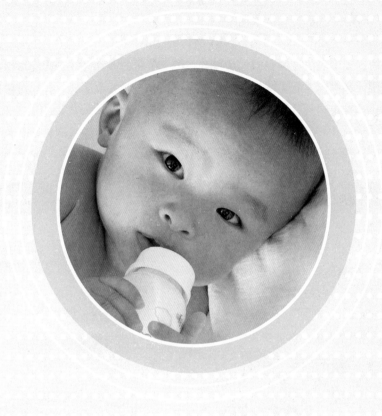

附　录

0～1岁女宝宝身体发育指标

注意：以下表格中的数据仅供参考，由于个体的特殊性，宝宝发育指标可能不在这个范围，稍有出入是正常的，但如果测试出来差异太大的话，妈妈可以向专业机构咨询，也可带宝宝前往医院检查。

▶▶ 0～1岁女宝宝头围参照值（厘米）

年龄组	下等	平均值	上等
初 生	31.5	33.9±1.2	36.3
1月	35	37.4±1.2	39.8
2月	36.5	38.9±1.2	41.3
3月	37.7	40.1±1.2	42.5
4月	38.8	41.2±1.2	43.6
5月	39.7	42.1±1.2	44.5
6月	40.4	43.0±1.3	45.6
8月	41.5	44.1±1.3	46.7
10月	42.4	44.8±1.2	47.2
12月	43	45.4±1.2	47.8

▶▶▶ 0～1岁女宝宝身高参照值（厘米）

年龄组	下 等	中下等	中 等	中上等	上 等
初 生	46.6	48.2	49.8	51.4	53
1月	51.7	53.9	56.1	58.3	60.5
2月	54.6	56.9	59.2	61.5	63.8
3月	57.2	59.4	61.6	63.8	66
4月	59.4	61.6	63.8	66	68.2
5月	60.9	63.2	65.5	67.8	70.1
6月	62.8	65.2	67.6	70	72.4
8月	65.6	68.1	70.6	73.1	75.6
10月	68.1	70.7	73.3	75.9	78.5
12月	70.3	73.1	75.9	78.7	81.5

▶▶▶ 0～1岁女宝宝体重参照值（千克）

年龄组	下 等	中下等	中 等	中上等	上 等
初 生	2.48	2.84	3.20	3.56	3.92
1月	3.67	4.24	4.81	5.38	5.95
2月	4.44	5.09	5.74	6.39	7.04
3月	5.02	5.72	6.42	7.12	7.82
4月	5.51	6.26	7.01	7.76	8.51
5月	5.99	6.76	7.53	8.3	9.07
6月	6.2	7.1	8	8.9	9.8
8月	6.71	7.68	8.65	9.62	10.59
10月	7.11	8.10	9.09	10.08	11.07
12月	7.42	8.47	9.52	10.57	11.62

0～1岁男宝宝身体发育指标

注意：以下表格中的数据仅供参考，由于个体的特殊性，宝宝发育指标可能不在这个范围，稍有出入是正常的，但如果测试出来差异太大的话，妈妈可以向专业机构咨询，也可带宝宝前往医院检查。

▶▶▶ 0～1岁男宝宝头围参照值（厘米）

年龄组	下等	平均值	上等
初 生	31.9	34.3±1.2	36.7
1月	35.5	38.1±1.3	40.7
2月	37.1	39.7±1.3	42.3
3月	38.4	41.0±1.3	43.6
4月	39.7	42.1±1.2	44.5
5月	40.6	43.0±1.2	45.4
6月	41.5	44.1±1.3	46.7
8月	42.5	45.1±1.3	47.7
10月	43	45.8±1.4	48.6
12月	43.9	46.5±1.3	49.1

▶▶▶ 0～1岁男宝宝身高参照值（厘米）

年龄组	下 等	中下等	中 等	中上等	上 等
初 生	47	48.7	50.4	52.1	53.8
1月	52.3	54.6	56.9	59.2	61.5
2月	55.6	58	60.4	62.8	65.2
3月	58.4	60.7	63	65.3	67.6
4月	60.7	62.9	65.1	67.3	69.5
5月	62.4	64.7	67	69.3	71.6
6月	64.4	66.8	69.2	71.6	74
8月	67	69.5	72	74.5	77
10月	69.4	72	74.6	77.2	79.8
12月	71.9	74.6	77.3	80	82.7

▶▶▶ 0～1岁男宝宝体重参照值（千克）

年龄组	下 等	中下等	中 等	中上等	上 等
初 生	2.54	2.92	3.3	3.68	4.06
1月	3.84	4.47	5.1	5.73	6.36
2月	4.72	5.44	6.16	6.88	7.6
3月	5.4	6.19	6.98	7.77	8.56
4月	5.94	6.75	7.56	8.37	9.18
5月	6.26	7.14	8.02	8.9	9.78
6月	6.74	7.68	8.62	9.56	10.5
8月	7.19	8.19	9.19	10.19	11.19
10月	7.57	8.61	9.65	10.69	11.73
12月	8.08	9.12	10.16	11.20	12.24

宝宝辅食多多!!! 妈妈看过来

西红柿汁

适合
4个月宝宝

材料： 西红柿1个（约100克），温开水适量。

做法：

❶ 将成熟的新鲜西红柿洗净，用开水烫软后去皮切碎，再用清洁的双层纱布包好，把西红柿汁挤入小盆内。

❷ 取西红柿汁，用适量温开水冲调后即可饮用。

胡萝卜汤

适合
4个月宝宝

材料： 胡萝卜1/3根（约30克）。

做法：

❶ 将胡萝卜洗净，切成丁。

❷ 汤锅置火上，放入胡萝卜丁，加适量清水煮，煮约20分钟，至熟烂。

❸ 用清洁的纱布过滤去渣，取滤下的汤水即可。

南瓜米汤

材料：新鲜南瓜1块（大小可以根据宝宝的饭量确定），米汤适量。

做法：

❶ 将南瓜洗净，去皮，去掉子，切成小块。

❷ 南瓜放入一个小碗里，上锅蒸15分钟左右。或是在用电饭煲焖饭时，等水差不多干时把南瓜放在米饭上蒸，饭熟后再等5～10分钟，再开盖取出南瓜。

❸ 把蒸好的南瓜用小勺捣成泥，加入米汤，调匀即可。

适合
4个月宝宝

牛奶土豆泥

材料：土豆2～3小片（约50克），牛奶适量，黄油1/4小匙。

做法：

❶ 把土豆放锅内煮或蒸，熟后用勺子将土豆研成泥状。

❷ 加入牛奶1大匙和黄油1/4小匙，搅拌煮至黏稠状即可。

适合
6个月宝宝

蛋黄泥

材料：鸡蛋1个（约60克），水或奶小半杯（约200毫升）。

做法：

❶ 将鸡蛋1个放入凉水中煮沸，中火再煮5～10分钟。

❷ 放入凉水中，剥壳取出蛋黄，再加入水或奶小半杯，用勺调成泥状。

适合
6个月宝宝

香蕉牛奶糊

材料：香蕉20克，牛奶30克，玉米粉5克，白糖少许。

做法：

❶ 将香蕉去皮后，用勺子研碎。

❷ 将牛奶倒入锅中，加入玉米粉和白糖，用小火煮5分钟左右，边煮边搅匀，煮好后倒入研碎的香蕉中调匀即可。

适合
5个月宝宝

蔬果酸奶糊

材料：西红柿1/8个，香蕉1/4个，酸奶1大匙。

做法：

❶ 将西红柿1/8个用水氽烫，然后去皮去子，捣碎并过滤，去汁；将香蕉1/4个去皮后捣碎。

❷ 将捣碎的西红柿与香蕉和在一起，拌匀。

❸ 将酸奶1大匙倒在捣碎的西红柿和香蕉上搅匀，即可。

适合
5个月宝宝

草莓酸奶糊

材料：草莓4个，酸奶1大匙。

做法：

❶ 将草莓洗净，果肉捣碎。

❷ 将捣碎的草莓果肉和酸奶混在一起搅匀即可。

适合
5个月宝宝

猕猴桃酸奶糊

适合
5个月宝宝

材料：猕猴桃1/4个，酸奶30克。

做法：

❶ 将猕猴桃1/4个皮剥净，果肉捣碎并滤掉种子。

❷ 将过滤的猕猴桃果肉和酸奶30克混在一起搅匀即可。

蔬菜面

适合
6个月宝宝

材料：自制面片或龙须面10克，水半杯，蔬菜泥少许。

做法：

❶ 将自制面片或龙须面切成短小的段，加入半杯沸水煮熟软，捞起备用。

❷ 煮熟的面与水同时倒入小锅内捣烂，煮开。

❸ 起锅后加入少许蔬菜泥，待汤面温时即可喂食。

三色肝末

材料：猪肝25克，胡萝卜、西红柿、菠菜叶各10克，肉汤适量。

做法：

❶ 将猪肝洗净切碎；胡萝卜洗净切碎；西红柿用开水烫一下，剥去皮切碎；菠菜择洗干净，取叶切碎待用。

❷ 把切碎的猪肝、胡萝卜放入锅内加肉汤适量煮熟，最后加入西红柿、菠菜，继续煮片刻即成。

适合
7个月宝宝

苹果蛋黄粥

材料：苹果半个，熟鸡蛋黄1个，玉米粉25克，水3大杯。

做法：

❶ 置锅于火上加水烧开，玉米粉用凉水调匀，倒入开水中并搅动。

❷ 开锅后放入切碎的苹果和搅碎的鸡蛋黄，改用小火煮5~10分钟。

适合
7个月宝宝

芝麻糯米粥

材料： 糯米50克，芝麻1大匙，核桃1个。

做法：

❶ 将糯米用清水浸泡一个小时；核桃切碎。

❷ 锅置火上，倒入芝麻、核桃，一起炒熟待凉后用干粉机打成粉。

❸ 糯米放入锅中，加适量水，煮开后，加入芝麻核桃粉，小火煮一个小时即可。

适合
8个月宝宝

红薯薏米粥

材料： 红薯半个，薏米50克，牛奶2大匙。

做法：

❶ 将红薯去皮、切小块，蒸烂，薏米煮软烂。

❷ 红薯、薏米并加牛奶2大匙用文火煮，并不时地搅动，煮至黏稠即可。

适合
8个月宝宝

奶油豆腐

材料：豆腐100克，奶油半杯。

做法：

❶ 将豆腐切成小块。

❷ 将豆腐块与奶油半杯加水同煮熟即可。

适合
8个月宝宝

肉末茄子糊

材料：茄子1只，肉末10克，海味汤、酱油、白糖各适量。

做法：

❶ 把茄子1只削皮后切成小块，下开水汆烫。

❷ 把肉末10克和茄子一起放锅中，加入海味汤、酱油和白糖用中火煮烂即可。

适合
9个月宝宝

冰糖莲子梨

适合
10个月宝宝

材料：梨半个，冰糖少许，新鲜莲子4粒（如选择干莲子需泡软）。

做法：

❶ 梨洗净，去皮去核切成小方块，放到小碗里备用。

❷ 加入冰糖和莲子混合一起上火蒸至冰糖溶化后即可食用。

冬瓜蛋花汤

适合
11个月宝宝

材料：冬瓜50克，鸡蛋1个，鸡汤150克，枸杞2粒，植物油、盐各适量。

做法：

❶ 将冬瓜去皮切块，鸡蛋打匀。

❷ 将植物油放入锅内，热后下入冬瓜煸炒几下，放入枸杞，再加入鸡汤150克烧开，淋入鸡蛋液，加入少许盐即可。

南瓜白菜拌饭

适合
11个月宝宝

材料：南瓜1片，米50克，白菜叶1片，高汤、油、盐适量。

做法：

❶ 南瓜去皮后，取1小片切成碎粒。

❷ 白米洗净，加汤泡后，放在电饭煲内，待水沸后，加入南瓜粒、白菜叶煮至熟烂，略加油、盐调味即成。

番茄鱼

适合
12个月宝宝

材料：净鱼肉100克，番茄半个，鸡汤半碗，盐少许。

做法：

❶ 将收拾好的鱼放入开水锅内煮熟后，除去骨刺和皮；番茄用开水烫一下，剥去皮，切成碎末。

❷ 将鸡汤倒入锅内，加入鱼肉同煮，稍煮后，加入番茄末、盐，用小火煮成糊状即可。

鸡蛋蒸糕

材料：胡萝卜、菠菜各20克，鸡蛋1个（约50克）。

做法：

❶ 将胡萝卜、菠菜用沸水焯一下，然后切碎。

❷ 将鸡蛋打散后加等量凉沸水搅匀，加入碎胡萝卜、碎菠菜，上锅蒸至软嫩即可。

适合
8个月宝宝

双色蛋

材料：新鲜鸡蛋1个（约50克），胡萝卜20克。

做法：

❶ 将胡萝卜洗净，去掉硬芯，切成小块，放到锅里煮熟，用小勺捣成胡萝卜泥。

❷ 将鸡蛋洗净煮熟，剥去外皮，把蛋黄、蛋白分开研成泥。

❸ 将蛋白泥、蛋黄泥装入一个小碗里，蛋黄放在蛋白上面，放到蒸锅里，用中火蒸7~8分钟。

❹ 蛋泥上浇胡萝卜泥，搅拌均匀即可。

适合
8个月宝宝

豆腐蛋花羹

适合
9个月宝宝

材料： 鸡蛋黄1个，豆腐20克，骨汤150克，小葱末适量。

做法：

❶ 将鸡蛋黄打散；豆腐捣碎。

❷ 锅置火上，倒入骨汤，大火烧沸后放入豆腐，用小火煮，适当调味后撒入蛋液，最后点缀小葱末即可。

荷叶粥

适合
12个月宝宝

材料： 鲜荷叶1张，粳米50克。

做法：

将粳米淘洗干净，荷叶洗净。锅置火上，放入清水适量，放入米煮粥，煮时将荷叶盖于粥上，煮熟即成。也可将荷叶洗净切碎煎汁，以汁调入粥内，加白糖吃粥，可任意食用。

图书在版编目（CIP）数据

婴儿辅食添加必备/艾贝母婴研究中心编著. --北京：中国人口出版社，2014.5

（家庭发展孕产保健丛书）

ISBN 978-7-5101-2391-7

Ⅰ.①婴… Ⅱ.①艾… Ⅲ.①婴幼儿－食谱 Ⅳ.①TS972.162

中国版本图书馆CIP数据核字（2014）第052699号

艾贝母婴研究中心　编著

出版发行	中国人口出版社	
印　　刷	廊坊市兰新雅彩印有限公司	
开　　本	720毫米×960毫米　1/16	
印　　张	19	
字　　数	280千字	
版　　次	2014年7月第1版	
印　　次	2014年7月第1次印刷	
书　　号	ISBN 978-7-5101-2391-7	
定　　价	29.80元	

社　　长	陶庆军
网　　址	www.rkcbs.net
电 子 信 箱	rkcbs@126.com
总编室电话	(010)83519392
发行部电话	(010)83534662
传　　真	(010)83515922
地　　址	北京市西城区广安门南街80号中加大厦
邮　　编	100054